AF369460

TRAITEMENT

DE LA

VARIOLE OU GOURME

DU CHEVAL

ET

Autres Maladies contagieuses des Animaux

PAR

Alexandre ROUSSEAU

MÉDECIN-VÉTÉRINAIRE NON DIPLOMÉ

PROFESSEUR DE BOTANIQUE LIBRE

A SAINT-JUST-DES-MARAIS (Oise).

———

*Médaille d'or à l'Exposition universelle de 1889 (en collectivité)
pour des Pièces anatomiques et des Fers à cheval
exposés par l'Auteur.*

BEAUVAIS

AMIABLE, IMPRIMEUR, 27, RUE SAINT-PANTALÉON, 27

1897

M. ROUSSEAU

TRAITEMENT
DES ANIMAUX
EN GÉNÉRAL

Traitements pour combattre les Catarrhes chroniques des Bronches.

Dissoudre de l'essence de térébenthine dans de l'huile d'olive. à partie égale ; de cette émulsion, injecter par la trachée. aux deux cinquièmes, de 5 à 10 grammes et à 15 grammes. injection qui se pratique sous le cou. en traversant. d'une part, la trachée avec la seringue de Prava-Meunier. de son aiguille.

Autre Traitement pour les mêmes Maladies.

PRENDRE :

Sels de mercure ou de bichlorure
  de mercure.................. 1 gr.
Eau distillée.................. 100 —

Poudre injection trachéale; chaque injection de 5 grammes contient 3 centigrammes de principe actif.

Traitement des Maladies de la Peau.

PRENDRE :

Iode .... 1 gr.
Iodure de potassium........... 5 —
Biiodure de mercure........... 1 —
Liqueur de Fowler............. 50 —
Eau distillée .... 50 —

La liqueur de Fowler contient de l'acide arsénieux et de l'eau. Les doses sont de 5 à 20 grammes pour combattre les maladies de la peau. J'ai moi-même essayé, sur un chien, les injections de cette composition par les voies aériennes, dans les affections des bronches et contre les maladies contagieuses qui ont pour siège les poumons et ses adapts.

Le Bichlorure de mercure est un des agents les plus puissants pour arrêter les pulations dans les liquides de cultures ; il suffit d'un cinquième de Sublimé corrosif par litre d'alcool ou dans un liquide végétal ou autre liquide sanguinolent, pour tuer les bactérides, alors là chez les animaux, par injections trachéales.

Voici la formule :

Sublimé corrosif.............	1 gr.
Eau distillée.................	900 —
Alcool rectifié...............	100 —

Faites dissoudre dans l'alcool le Sublimé et ajoutez-y l'eau.

Elixir composé pour les petits animaux, Chiens Chats, Chèvres

Myrte......................	12 gr.
Aloès succotrin..............	10 —
Safran du Gâtinais...........	8 —
Girollée....................	3 —
Cannelle	2 —

Faire macérer le tout dans un litre de bonne eau-de-vie.

Composition pour combattre la Gale du Cheval, etc.

Huile d'Arachide.............	500 gr.
Pétrole.....................	500 —
Benzine	500 —

En deux frictions, les animaux, bœuf, cheval, etc., sont guéris.

Traitement contre la Chorée du Chien ou Danse Saint-Guy.

PRENDRE :

Arsenic . . . . 2 gr.
Gomme . . . . 60 —

par petite potion, plusieurs fois dans la journée. Cette potion doit durer quinze jours. Valériane en poudre, 4 gr., ou en infusion dans du bon vin rouge, 30 grammes par litre de vin.

Médicament contre les blessures anciennes ou récentes

PRENDRE :

Sulfate de cuivre . . . . 60 gr.
Alun calciné . . . . 60 —
Sel de Nitre . . . . 60 —

que l'on pulvérise dans un mortier ; on fait fondre le tout ensemble dans un petit pot de terre jusqu'à parfait mélange. Une fois fondu, ajouter 2 grammes de Camphre, et laisser refroidir ; briser ensuite le pot pour en retirer cette pierre que l'on concassera et dont les morceaux seront broyés au fur et à mesure des besoins.

La dissolution de cette poudre dans l'eau donnera une eau verte ; avec cette eau, imbibez un chiffon toujours humide, que vous appliquerez sur la plaie jusqu'à guérison complète.

Remède contre la Rage, donné par M. de Saint-Paul Directeur général au Ministère de l'Intérieur.

Voici sa formule :

Rue . . . . 20 gr.
Sauge officinale . . . . 20 —
Marguerite sauvage . . . . 20 —
    (Racine hachée).
Ajouter 5 ou 6 bulbes d'ail.
Racine d'Eglantiers . . . . 20 —
Sel de cuisine . . . . 10 à 20 gr.

Une fois toutes ces plantes bien broyées, ajouter sur le marc un demi-verre de Vin blanc, laisser infuser le tout et ensuite filtrer le liquide à travers un linge fin et faire boire au malade ce remède pendant neuf jours de suite, observant de ne manger que trois heures après chaque potion. Pour les animaux, on peut substituer le lait au vin.

Ce remède « dit l'auteur », préservera peut-être la maladie prise efficacement dans les quarante jours.

Traitement de la rage par M. le Marquis de Crussé, de Crépière (Seine-et-Oise), qui traite cette maladie depuis plus de 200 ans de génération en génération (c'est le secret de famille). Oh ! ce fameux secret, le voilà divulgué par plusieurs anciens médecins très dévôts. Ce traitement ne diffère guère de celui déjà décrit ci-dessus.

Rue, une poignée de feuilles ; Sauge, une poignée ; petite Marguerite sauvage, une poignée ; quatre poireaux (racine ou le blanc), enfin tout le poireau, 12 gousses d'Ail, racine de Scorsonnaire et un Salsifis noir.

Piler bien le tout et verser sur la composition un verre de Vinaigre de vin, Sel de cuisine, 10 à 15 grammes, faire infuser le tout pendant vingt-quatre heures et faire passer ce marc au pressoir ou à une presse quelconque pour en extraire le jus et mettre le contenu au frais.

Traitement du Malade

Enlever les galons de la plaie que l'on frottera avec un morceau de Toile neuve imbibée de Vinaigre et de Sel de cuisine que l'on fait fondre ensemble pendant quelques minutes, prendre le marc que l'on a pilé et le mettre sur la plaie, en cataplasme : faire ce pansement pendant dix jours, matin et soir, ensuite faire prendre au malade, à jeun, le verre du jus extrait du marc. Aussitôt le jus pris, vous faites courir le malade jusqu'à ce qu'il soit trempé. Cette médication assure la guérison complète du malade.

On peut conserver vert pendant très longtemps l'extrait des plantes ci-dessus en les mettant en bouteille.

Le manque de poireaux pourrait être remplacé par des racines d'Eglantiers sauvages.

Pour une femme enceinte, on remplace la Rue par des écailles d'Huîtres à double dose ; on guérit la rage jusqu'à la deuxième attaque pour laquelle il faut le double de plantes ; pour un enfant, la dose est moitié de celle des grandes personnes. Ne manger que trois ou quatre heures après avoir bu le jus des plantes, etc.

Autre traitement contre la Rage.
(Ce traitement est infaillible).

Rue, Sauge, Marguerite sauvage des champs (les feuilles, les fleurs et les racines), Racines d'Eglantiers ou de Rosiers sauvages, Racines de Scorsonnaires, six bulbes d'Ail et du Sel blanc ; broyez bien le tout dans un mortier, pressez le marc et mettez-en sur la plaie en forme de cataplasme. Si la plaie est profonde, il faudrait distiller du jus de ce même marc. puis l'ayant mis sur la plaie, maintenir cette dernière bien bandée et la laisser ainsi jusqu'au lendemain. Le marc préparé. vous jetez dessus un verre de bon vin blanc, vous passez le jus dans un linge bien fin et ensuite, vous en faites boire au malade pendant neuf jours de suite. Comme il est déjà dit ci-dessus, ne manger que trois heures après avoir pris la potion.

Il faut prendre de chacune des plantes, une bonne pincée avec les trois doigts.

Il est indispensable qu'aussitôt la morsure, on ait le soin de bien laver la plaie et de la râcler avec un ferrement et non avec un couteau. Ce n'est qu'après ces précautions prises que l'on applique le remède que je viens de décrire.

Traitement des Coliques du Cheval et de la Paralysie des jeunes Chiens.

Coliques avec surcharge alimentaire chez les Solipèdes, par l'Esérine

L'Esérine s'emploie à la dose de 25 centigrammes, pour le cheval, par injection sous-cutanée avec la seringue de Praya, cette injection se pratique au cou. après guérison.

Pour les autres Coliques.

PRENDRE :

Laudanum...................... 30 gr.
Acétate d'ammoniaque.......... 100 —

Mélanger dans 25 à 50 grammes de Camomille ou de Thé par infusion, et faire prendre en une seule fois cette dose de 25 à 50 grammes par litre de Thé.

Chez les jeunes Chiens atteints de Paralysie, on leur fait prendre du phosphate de chaux. Dans la convalescence, la dose est de 30 grammes par jour et un peu de Sel de cuisine pendant la maladie ; ensuite, on leur fait prendre du café noir et du bouillon de viande blanche pendant toute la durée de la maladie.

Traitement préventif de la Péripneumonie du Bœuf par les Injections de Strychnine.

FORMULE :

Arséniate de Strychnine, 1 gramme pour 1,000 grammes d'eau, chaque injection pour le Chien contient environ de 1 à 3 milligrammes de principe actif, c'est-à-dire de 1 à 3 centimètres cubes de la solution ; pour le cheval, 5 milligrammes par injection, une seule par jour suffit.

Traitement inflammatoire de sang.

Reine des Prés en poudre ou en
   fleurs .... 50 gr.
Ecorce de Cascarille en poudre.. 50 —
Poudre de Cannelle............. 50 —
Bicarbonate de Soude........... 20 —
Sulfate de Soude .... 20 —

Mélanger le tout ensemble pour faire des paquets de 30 grammes.

Pour chiens, faire prendre un paquet par jour.

Pour le cheval, la potion doit être de 60 grammes mélangée avec du miel ou infusée dans de la bière.

Traitement de la Néphrite ou Maladie des Reins
autrefois désignée sous le nom de Mal de Rognon.

Cette affection se traite par l'acide benzaïque qui a des propriétés indiscutables pour guérir cette maladie dont sont atteints le chien, le cheval et le bœuf, etc. La dose pour le cheval et le bœuf est de 20 à 30 grammes, tandis que pour les petits animaux, elle n'est que de 4 à 8 grammes par jour donnée en deux ou trois fois.

L'Acide benzaïque a aussi d'autres propriétés. Ainsi elle donne une évacuation abondante de vers intestinaux. Pour cela, on fait prendre ce Sel dans de l'eau pure à froid.

Traitement de l'Anémie ou Chlorose
du Cheval et du Bœuf.

En général, pour toutes les maladies qui ont pour cause la faiblesse du sang, donner : Sel de fer, Tartrate et Citrate de Magnésie à la dose de 10, 30 à 60 grammes. Le Sous-Carbonate de Potasse ou Sel de Tartre n'est pris qu'à la dose de 10 à 15 grammes pour 2 litres d'eau ; pour les chiens et les moutons, la dose n'est que de 5 à 10 gr. mélangée avec du miel. Pour le Chlorure de Sodium, Sel de cuisine, les doses varient selon la pesanteur des animaux, depuis 30 grammes jusqu'à 1,000 grammes. La Gentiane en poudre 200 grammes mélangée avec le Sel de cuisine et et le Peroxyde de fer à partie égale de chacune 120 gr., les Eaux ferrugineuses de Spa, Pymont, Orezza, en un mot toutes les plantes ; la Teinture de Mars Tartarise-Tartrate ferrico-potassique 32 grammes, Alcool faible 500 grammes, composition des Boules de Mars 12 grammes, Sel de cuisine 12 grammes, Farine et Eau quantité suffisante.

L'Eau de Spa se compose de la manière suivante :

Carbonate de Soude cristallisée	15	centigr.
Carbonate de Chaux..........	3	—
Carbonate de Magnésie.......	1	—
Protochlorure de Fer........	5	—
Alun cristallisé..............	1	—
Eau bouillie et gazeuse	625	gr.

On dissolvera chaque sel à part dans un peu d'eau et on ajoutera le tout ensemble, puis on mettra en bouteille et on remplira avec l'eau gazeuse.

Traitement des Malades atteints du Scorbut.

Dans l'Anémie et dans la Chlorose qui ont pour cause la diminution du sang, hydrémie ou dilution aqueuse du sang, Chlorose ou lésions des globules malades, hypémie ou diminution du sang ; le fer se donne à la dose de 30 gr. avec du miel, etc ; le Chlorure de fer, l'écorce d'Orange, le Citrate de fer ammoniacal, la dose est de 30 à 40 gr. par litre d'eau pour le cheval et le bœuf. Le Perchlorure de fer, pour les hémorragies, est préférable au citrate ; la dose pour le chien et pour l'homme est de 1 à 2 grammes par jour dans 100 grammes d'eau distillée, additionnée avec un peu d'eau-de-vie, et pour le cheval, de 8 à 16 gr. Pour les toniques amers : QUINQUINA, GENTIANE, ACACIA-MARA, LE COLOMBO, LA CENTAURÉE, LA COCA, L'ÉCORCE DE SAULE BLANC, LE CRESSON, LE RAIFORT, LE COCHLÉARIA, LE CHOU, LA MOUTARDE, L'ALLIAIRE, L'ABSINTHE, AIL, ANGÉLIQUE, ARTICHAUT, LE BECCABUNGA, LA BETTERAVE, LE CAKILE, LA CAPUCINE, LA CARDAMINE, LE CHÈVREFEUILLE, LE CITRONNIER, L'EPINE-VINETTE, L'UPATOIRE, LA FOUGÈRE MALE, FRAMBOISIER, FRÊNE, GENEVRIER, GERMANDRÉE MARITIME, GERMANDRÉE-SAUGE, GERMANDRÉE DES BOIS ET CELLE DES PRÉS, LE GROSEILLER ROUGE, LE HOUBLON SAUVAGE ET CULTIVÉ, PETITE JOUBARBE, MARRUBE BLANC, MASETTE, MENYANTHE, NUMULAIRE, OIGNON, ORGE, ORME, OSEILLE, PATIENCE, PASSERAGE, PERSICAIRE, PISSENLIT, POMMIER (FRUIT, ÉCORCE ET LA FLEUR), POURPIER, ROQUETTE SAUVAGE, SALICORNE, SAPIN, PIN, SEIGLE ERGOTINE, VIGNE (FRUIT ET TOUTE LA PLANTE), VIN, PAIN DE FROMENT. Toutes ces plantes sont employées contre la pauvreté du sang et sont les meilleurs remèdes pouvant amener la guérison.

Traitement de la Péripneumonie.

Par l'Hyposulfite, à la dose de 250 à 500 grammes pour les chevaux et les bœufs ; pour les petits animaux, la dose est de 50 à 100 grammes par jour, donnée en trois fois ; à continuer à la dose de 150 grammes par jour et par l'Hyposulfite alcalin et l'Hyposulfite de soude tue les microzoaires, arrête la maladie de la formation du ferment ou guérit cette redoutable maladie.

Traitement pour combattre la Dyssenterie.

Infaillible avec hémorragie.

      Fleurs Reine-des-Prés............ 30 gr.
      Feuilles Mélisse................ 30 —
      Plantin (racines et feuilles)...... 30 —
      Cannelle de Ceylan (arbre)....... 15 —

pour deux litres d'eau ; faire bouillir le tout vingt minutes et filtrer, ajouter 500 grammes de Sucre candie et faire bouillir l'ensemble vingt minutes. Prendre un verre trois fois par jour, le matin à jeun, à midi et le soir, deux heures après le repas ; prendre une nourriture légère pour faciliter la digestion (pour l'espèce humaine) pour les petits animaux.

Traitement de la Paralysie des Animaux par le Tanguin.

C'est par l'extrait de l'Amende de cet arbre que l'on traite la Paralysie. La dose à prendre est de 10 centigr. Pour le chien et pour le cheval, 50 centigrammes. A 1 gr. on l'emploi dans les tremblements, dans les cas d'atonie intestinale, incontinence d'urines. Cesser ce médicament dans les cas où le malade éprouverait de la céphalalgie, des nausées, des vomissements et un certain degré de faiblesse. Le Tanguin est originaire de Madagascar, son poison d'épreuve est approuvé par les Malgaches. Il porte son action sur le système nerveux central et est aussi administré contre les coliques de toutes natures.

Traitement pour combattre les Maladies de la Peau, Dartres.

Sulfate de zinc en poudre.......	5 gr.
Camphre en poudre...........	8 —
Acide phénique cristallisé......	5 —
Axonge ou Graisse de porc.....	500 —

Faites fondre votre Graisse et ajoutez le Zinc, le Camphre et l'Acide phénique ; mélangez le tout à froid et la pommade est faite. Frottez légèrement votre malade avec cette pommade et une prompte guérison s'en suivra.

Traitement contre les Verrues, chez les Animaux, et les Kystes,

par le Bichlorure de Mercure

Sublimé corrosif..............	8 gr.
Graisse de porc..............	10 —

Mélanger le tout ensemble, remuer le contenu et la pommade est faite. Appliquer très peu de cette pommade sur les verrues qui disparaîtront en peu de temps. (Cette pommade est très toxique.)

Autre Pommade pour le même usage. — Emétique Stibio-ioduré, Emétique, 8 grammes, Iodure de Mercure proto ou Biiodure de Mercure, 8 grammes, Panne de porc, 120 grammes ; faire fondre la Panne, y ajouter le Mercure et l'Emétique, remuer le tout jusqu'à refroidissement ; appliquer légèrement cette pommade sur les verrues ou encore cautériser avec l'Acide azotique.

Traitement de l'Ascite, Epanchement de Sérosité dans la cavité du Péritoine par l'emploi d'Iodure de Potassium.

Pour le chien, de....	1 à 2	grammes.
Pour le cheval, de...	5 à 10	—
Petits chiens et chats.	25 à 50	centigrammes.

On emploi aussi ce médicament dans la Cirrhose et dans l'Ascite. — Il y a eu plusieurs cas de guérison chez l'homme.

Traitement de l'Inflammation de l'Ouraque et de la Veine ombilicale.

Lavage de la fistule avec une solution concentrée d'Acide borique, puis cautérisation d'une solution de Sublimé corrosif, 1 gramme pour 100 grammes d'Eau mélangée avec 50 grammes d'Alcool; Acide borique, 15 grammes pour 100 grammes de Vinaigre ou de bon Vin blanc.

Traitement du Col du Vagin.

Tisane de feuilles de Belladone, 150 grammes pour 5 litres d'eau ou bien par des injections locales dans le vagin d'une solution de sulfate d'Atropine (50 centigrammes pour 150 grammes d'eau).

Traitement des Maladies contagieuses, telles que :
Choléra des Volailles et du Charbon des Bovides Vaches et des Ovides Moutons

Par les injections sous-cutanées intravieneuses d'une solution d'Acide phénique, de 5 à 3 grammes pour 100 gr. d'eau ou 3 à 5 grammes pour 100 grammes d'eau. — Les injections d'Eau salée ont permis d'obtenir la réduction d'une hernie ombilicale, congéniale ou congénitale, qui prend naissance des infirmités et des vices de conformation au moment où l'on vient au monde.

L'Acide borique a été découvert par Homberg en 1702. Ce médicament est employé contre les plaies de mauvaise nature, en poudre, à la dose de 3 grammes en 6 paquets pour le chien, à proportion pour les grands animaux.

Traitement de la Blennorrhagie par les Bougies à Acide Borique.

Donner l'Iodure de Potassium interne.

Pour combattre la Diphthérie et la Pneumonie ainsi que la Blennorrhagie, faire prendre au chien un paquet, de deux heures en deux heures.

Traitement de la Gale du Mouton par la Nicotine.

2 litres de Nicotine pour 300 litres d'eau tiède ou 4 litres de Nicotine pour 600 litres d'eau. Plonger chaque mouton dans le bain pendant trois minutes ; quatre ou six jours après, le soumettre au même traitement. 2 litres 1/2 de Nicotine pour 300 litres d'eau tiède ; le frotter vigoureusement avec une brosse de chiendent et la gale disparaît.

Traitement par les Alcaloïdes en injections hypodermiques.

Voici les doses pour les animaux petits et grands :

Aconitine d'os, pour cheval et bœuf, de 4 millig. à 1 centig.
     —   chien   de 1   — à 2 millig.

L'Aconitine et ses sels sont antipéritiques et modèrent la circulation et la respiration. Ce médicament se donne, pour la Fièvre typhoïde, dans les appareils respiratoires ou par la trachée. Il se donne aussi pour combattre le tétanos et la fourbure. (Pour la plante, v. Aconit).

Atropine. — Soluble dans l'eau au 2/20ᵉ ou 1/10ᵉ.

Dose pour le cheval et le bœuf :
        0 gr. 05 centigr. à 0 gr. 020 milligr.
   —   chien : 0 gr. 001 milligr. à 0 gr. 01 centigr.

On donne ce médicament pour combattre les spasmes ou contraction involontaire des muscles de l'utérus, de l'intestin et de plusieurs sphincters ; il calme les douleurs dans les névroses, le tétanos, la chorée et l'épilepsie. Ce médicament a une action anesthésiante et locale, antisecrétoire et paralyse les sphincters.

Traitement par l'Esérine.

Substance extraite de la Fève de Calabar, ses sels sont hypersecrétoires ; excitant des fibres musculaires, est employé dans les congestions intestinales à la dose de 8 à 10, 12 centigrammes, se donne dans toutes les coliques par indigestion avec surcharge alimentaire à la dose de 5 à 8 centigrammes pour le cheval et le bœuf. L'Esérine est donnée en petites doses de 3 à 4 centigrammes dans les catarrhes intestinales, à la dose de 5 à 6 centigrammes pour les moyens animaux ; dans les indigestions, des feuillets à la dose de 6 à 10 centigrammes. Elle est aussi donnée dans la fièvre vitulaire des vaches. Pour les chiens, la dose est de 2 à 5 milligrammes, mais on peut aller jusqu'à 5 centigrammes pour un fort chien.

Elle se dissout dans 10 grammes d'eau pour injection qui se donne avec la seringue de Prava.

Morphine. — Cette substance, qui est extraite du Pavot blanc, est employée à l'état de Chlorhydrate ou de Sulfate.

Morphine en solution aqueuse au 20me :

Dose pour le cheval et le bœuf :

0 gr. 20 centigr. à 0 gr. 50 à 1 gr.

—   chien : 0 gr. 02 à 0 gr. 05 et à 0 gr. 10 centig.

Son action est calmante et hypnotique, stupéfiante, anti-secrétoire. Ce médicament est donné contre les douleurs de toutes natures à la dose de 0 gr. 20 à 0 gr. 30 centigr.

Traitement de l'Hydropisie, de l'Anasarque et les Coliques déterminées par le froid et l'eau froide.

On emploie la Pilocarpine à l'Azotate et au Chlorhydrate de Pilocarpine en solution aqueuse au 1/50ᵉ, au 1/20ᵉ, au 1/10ᵉ.

Dose pour le cheval et le bœuf : 0 gr. 20 à 0 gr. 75 centigr.

—   chien : 0 gr. 002 à 0 gr. 005 milligr.

Ce sont aussi des excitants des muqueuses de l'intestin

On donne la Pilocarpine contre les diverses sécrétions salivaires et cutanées, etc.

Strychnine. — Est extraite de la Noix vonique de la Fève de Saint-Ignace de Lupas. Ce médicament est employé pour combattre les paralysies et les névroses ainsi que pour donner de la force aux muscles, etc. ; la Strychnine est soluble dans l'eau et dans l'alcool. On emploie ses sels au Chlorhydrate, Azotate, au Sulfate de Strychnine en solution aqueuse au 1/100.

Dose pour le cheval et le bœuf : 0 gr. 05 à 0 gr. 12 centigr.
    —   chien : 0 gr. 0005 à 0 gr. 005 millièmes de mill.

Ce médicament est tonique et hypérestésique, tétanisant et excitant d'un pouvoir reflex des centres nerveux. On donne aussi ce médicament contre la diarrhée, le cornage du cheval, l'amorose et dans la pousse au poussif, maladie des chevaux.

Vératrine. — Est extraite de l'Ellébore blanc et noir. (V. dans ce livre : Ellébore.) La Vératrine est donnée pour combattre la pneumonie, l'hydropisie, les rhumatismes articulaires aigus.

Dose pour le cheval et le bœuf : 0 gr. 05 à 0 gr. 15 centigr.
    —   chien : 0 gr. 001 à 0 gr. 01 centigr.

La Vératrine modère la circulation et la respiration, est antithermique et hypersecrétoire. Effets : antiphlogistique.

On donne la Vératrine, dans les coliques, à la dose de 20 à 30 centigrammes, par dose de 5 centigrammes de deux heures en deux heures ; dans les indigestions chroniques des feuillets et dans les fièvres intenses. La Vératrine est soluble dans l'eau et est employée en solution alcoolique au 1/20, au 1/25.

Traitement employé contre les Rhumatismes articulaires aigus, les Fièvres typhoïdes et les affections paludéennes.

Acide salycilique. — Se dissout dans l'eau bouillante à 30 grammes par litre, dans la Glycérine 1/20 et dans l'Alcool 1, 5. La dose est de 2 à 3 grammes par litre d'eau. L'Acide salycilique et surtout le Salycilate de Soude est très employé contre les maladies dénommées ci-dessus. Le Salycilate de Soude se donne à la dose de 10 à 20 grammes associé au Sulfate et au Bicarbonate de Soude.

Acide Sclérotinine. — Cet Acide est extrait du Seigle ergoté. Dose pour les vaches, les juments et autres petites femelles :

Acide sclérotinique 1 gramme, Glycérine 10 grammes, Eau distillée 90 grammes ; mélanger ces trois substances ensemble ; la dose hypodermique est de 20 à 30 centigr. pour les ruminants, et pour les petits elle est de 0 gr. 03 à 0 gr. 05 centigrammes. Ce médicament facilite les accouchements, expulse le délire, etc.

Aconitine et ses sels.

Aconitine amorphe	5 centigr.
Alcool à 85°	10 gr.
Eau distillée	90 —

Chaque gramme de cette solution contient 1/2 milligr. d'Aconitine par injection sous-cutanée dans la seringue de Prava ; dose : ruminant, cheval 5 à 10 grammes, moyens 3 à 5 grammes, petits 1 à 2 grammes.

Traitement par l'Aloès, Aléïne extrait de l'Aloès.

La dose est de 2 à 5 grammes pour combattre la gastro-entérite, les affections des rognons ou des reins et de la vessie.

Traitement ou plutôt Contre-Poisons des Végétaux.

Apomorphine.

Chlorydrate d'Apomorphine	0 gr. 01 centigr.
Eau distillée	10 gr.

DOSE :

Porcs..............................	5 à 10 centigr.
Chiens.............................	2 à 5 —
Chats..............................	3 à 5 —

Ce médicament est mis en usage pour combattre les empoisonnements.

Traitement des Maladies des Yeux.

Nitrate d'argent...............	1 gr.
Eau distillée de Menthe........	100 —

Appliquer deux ou trois gouttes dans l'œil malade.

AUTRE COMPOSITION :

Nitrate d'argent...............	5 gr.
Eau distillée..................	300 —
Alcool camphré................	20 —

Autre Collyre composé de Nitrate d'argent au 1/20 et de Menthe distillée.

Donner à la dose de 10 centigrammes dans 40 grammes d'eau distillée par injection dans l'œil de 1 gramme à la fois. Cette composition s'emploie aussi pour des plaies de mauvaise nature.

Arsenic. — Est soluble dans 80 parties d'eau froide et dans 140 parties d'alcool concentré.

La Liqueur Fowler est composée de :

Acide arsénieux...............	1 gr.
Carbonate de Potasse..........	1 —
Eau distillée.................	10 —

Dissoudre à chaud et laisser refroidir, puis filtrez.

MÊME FORMULE :

Arsenic	5 gr.
Eau distillée.................	500 —
Carbonate de Potasse..........	1 —

Pulvérisez l'Acide arsénieux et le Carbonate et faites bouillir dans un vase en verre jusqu'à la dissolution complète de l'Acide arsénieux, laissez refroidir et filtrez.

L'on donne cette liqueur, associée à la racine de Gentiane que l'on fait bouillir pendant vingt minutes, ou la poudre, dans l'eau ordinaire ; ajouter à cette solution la Liqueur de Fowler, comme suit :

DOSE :

Grands ruminants....... 50 à 100 gr.
Petits ruminants......... 10 à 20 —
Porcs .... 5 à 10 —
Chiens et chats......... 1 à 2 —

Ce médicament donne de la force et de la vigueur aux malades, combat la maigreur, la fièvre typhoïde, morve, farcin, crapaud, eaux aux jambes, pousse dyspnée, les maladies de la peau, la chorée, la paralysie, etc., etc.

Traitement des Hernies ombilicales.
V. page 36.

Par la solution qui se fait au 1/100 ou 1/200 par la dissolution du Bichromate de Potasse. Mais mieux vaut l'Acide azotique appliqué légèrement avec un petit pinceau.

Traitement par la Benzine.

La Benzine, découverte par Peltier en 1819, est l'alcaloïde de la fausse Angusture. Elle se retire ainsi que l'igasurine des eaux de mer alcooliquées qui ont laissé déposer la Strychnine. La Brucine est employée dans les affections morbides à la dose de 1 à 15 centigrammes pour les petits animaux.

SOLUTION :

Brucine .... 0 gr. 10 centigr.
Alcool................. 10 gr.
Eau distillée......... 90 —

Cette solution contient 1 milligramme de Brucine par gramme de liquide. On pourra d'une seule fois injecter de 1 à 5 grammes de cette composition.

Cicutine. — Huile volatile, principe actif de la Ciguë appelée aussi *Conicine*.

Dose : Cicutine...................... 1 gr.
      Alcool à 86°................... 5 —
      Eau distillée................. 95 —

Chaque gramme de cette solution contient 1 centigr. de Cicutine. La dose à donner pour les petits animaux est de 1/2 milligramme jusqu'à 2 ; pour le bœuf et le cheval, elle est de 8 milligrammes à 1/2 centigramme. On donne ce médicament pour combattre la paralysie des muscles de la vie de relations. On l'emploie contre les catarrhes de la vessie, la phtisie ou la tuberculose de la poitrine, maladie pulmonaire, la coqueluche, les toux rebelles, la chorée, les névralgies, névroses, les douleurs arthrétiques, les gonflements articulaires et les hydropisies.

Traitement de l'Hydropisie.

L'Anasarque dans la chorée, la leucorrhée, les affections cérébrales et pulmonaires par la Colchicine. La Colchicine se dissout dans l'eau et dans l'alcool. Elle est purgative à petite dose en injection sous-cutanée :

Dose pour le cheval et le bœuf :
          0 gr. 002 à 0 gr. 006 milligr.
  —   le chien 0 — 0005 à 0 — 001   —

Faire dissoudre la Colchicine en solution dans la glycérine au 1 100 ou au 1 200 surtout pour atténuer ses propriétés irritantes locales. Le Colchique d'automne, plante connue de tout le monde sous les noms de Safran bâtard, Veilleuse, Veillotte, Tue-Chiens, est de la famille des Colchicacées.

Traitement des Vertiges, de l'Immobilité du Cheval, du Tétanos, des Paralysies, de la Fourbure, de l'Embarras instestinal, des Pelotes stercorales et des Vers instestinaux.

Par l'huile de Croton-Tigli, un extrait de la graine d'un arbrisseau qui croît dans les Indes Occidentales et qui est de la famille des Euphorbiacées à fleurs unies sexuelles, ses étamines sont réunies par le filet. L'huile de Croton a pour principe l'huile de Crotonique, est insoluble dans l'eau, mais soluble dans l'alcool : deux gouttes pèsent environ 5 centigrammes. La dose pour les grands animaux est de 25 à 70 centigrammes, mélangée avec 12 grammes d'huile d'olive pour injection sous-cutanée. Pour les petits animaux, chiens, etc., la dose est de 1 à 2 centigrammes.

Curare. — Le Curare est un violent poison fourni par l'extrait aqueux du Vomiquer vénéneux ou Strichnos Toxifera, plante grimpante enroulée autour des arbres de l'Amérique méridionale : en latin, *Coculus toxiferus.* Autrefois, les guerriers empoisonnaient la pointe de leurs flèches.

La Curarine est vingt fois plus active que le Curare : ainsi, il suffit de 0 gr. 005 milligrammes de Curarine pour tuer un lapin, et pour obtenir le même résultat, il faut 0 gr. 10 centigrammes de Curare. L'action de ce médicament se porte sur les nerfs moteurs et elle paralyse le système musculaire.

<pre>
Curare.....................   1 gr.
Eau distillée............. .   100 —
</pre>

Chaque gramme de cette solution contient 1 centigramme de cette substance active et de l'autre 5 milligrammes, la Curarine au 1 200. En thérapeutique, on emploie ce médicament pour combattre le tétanos, l'épilepsie, la chorée, l'hydropisie.

Le contre-poison de ce médicament consiste dans la respiration artificielle et des injections sous-cutanées des sels de Strychnine. La Curarine a les mêmes propriétés ou à peu de chose près que l'Ésérine, et est injecté à la même dose. (Voyez ESÉRINE.)

Cyanure de Potassium en solution aqueuse au 1 100 et au 1 200 pour dose hypodermique, 0 gr. 02 à 0 gr. 05 centigrammes pour le cheval et le bœuf, pour les petits animaux, 0 gr. 001 à 0 gr. 005 milligrammes.

AUTRE FORMULE :

Cyanure de Potassium....... 2 décigr.
Valériane en poudre......... 1 gr.
Sirop, simple quantité suffisante pour faire huit pilules.

On donne une pilule par jour. Ce Sel est généralement employé pour tuer les chiens et autres animaux dont on veut se débarrasser.

Le contre-poison est le Chlore en inhalation ou Ammoniaque. Aspersions d'eau froide sur la tête et sur la colonne vertébrale. A l'intérieur, mélanger l'Hydrate de Protoxyde d'Hydrate de Sesquioxyde de fer.

La *Digitaline,* extrait de la Digitale, est soluble dans l'alcool et dans l'eau, solution au 1/1000, au 2/1000. (Voyez DIGITALE, plante.) La dose a été donnée à plusieurs chevaux à titre d'essais, 15 centigrammes dans 20 grammes d'eau distillée, 0 gr. 25 centigrammes dissous dans 4 gr. d'alcool et 14 d'eau.

L'*Hyosciamine*, qui est le roi des antispasmodiques, agit sur le système Cérébro-Spinal, est employé en thérapeutique, pour combattre les névroses, le tétanos, la chorée, le vertige, l'épilepsie, coliques nerveuses, toux douloureuse et la paralysie ; aux fièvres vitulaires, fièvres de lait, etc., etc.

Dose : Hyosciamine, 5 centigrammes à faire dissoudre dans 10 grammes d'eau à l'aide d'une goutte d'acide chloridrique ; mêlez avec un litre de sirop d'Orgeat. à ce litre, ajoutez 100 grammes de ce sirop dans la solution qui renferme un demi-centigramme d'Hyosciamine, ou bien prenez sucre en quantité suffisante pour faire du sirop, et donnez au chien contre la bronchite spasmodique : par injection sous-cutanée, par le procédé ordinaire.

Traitement par l'Iodoforme. — Se compose comme suit: Iodique formé par la combinaison de l'Iode avec l'Alcool, renferme 9 et 4 p. 100 d'iode ; il est presque insoluble dans l'eau (1/5000), mais soluble dans l'Alcool à 1/50.

Effets physiologique et anesthésique local. — Il est employé sur les plaies de mauvaise nature.

POMMADE D'IODOFORME :

Graisse de porc.................. 30 gr.
Iodoforme .... 4 —

Mélangez le tout et faites votre pommade. Elle cicatrisera les plaies parasitides.

Traitement des Antispasmodiques, c'est-à-dire que ce médicament est antispasmodique, sédatif. On l'emploie contre les palpitations cardiaques du cœur, les toux nerveuses, la bronchite, lumbago ou maux de reins, etc. Le Laurier-Cerise (Hyerolas de Clamans), contient 1/1000 d'acide cianhydrique. En France et en Allemagne, n'en contient que la moitié, c'est-à-dire 5 centigrammes par 100 grammes d'eau. L'eau distillée du Laurier-Cerise, n'est pas irritante.

La dose pour les grands animaux est de 10 à 20 gr., pour les moyens, 5 grammes ; pour les petits chiens et porcs, de 50 centigrammes à 1 gr. 50 centigr. L'eau de Laurier-Cerise est mise en usage comme véhicule pour les solutions hypodermiques avec les sels de Morphine, et se conserve indéfiniment.

Bichlorure de Mercure, Sublimé corrosif, poison violent à haute dose. — Se donne à la dose de 0 gr. 03 à 0 gr. 05 centigr. pour les grands animaux, chevaux et bœufs ; pour les moyens, 0 gr. 002 à 0 gr. 005 milligr. ; pour chiens, 0 gr. 001 milligr.

On dissoudra le Bichlorure dans un véhicule composé de trois parties d'Eau distillée et une partie de Glycérine. Employé en thérapeutique pour combattre le vertige, les dartres, l'eczéma et toutes les maladies de peau.

Une solution de Sublimé corrosif 1 1/5000 antivirulent, et de 1/800 d'Eau, détruit les virus bactériens dans l'espace de deux à quatre minutes. Des expériences réitérées m'ont confirmé ce fait.

Ses injections sous-cutanées sont employées dans les tumeurs charbonneuses.

Traitement par le Chlorydrate de Morphine, le Sulfate de Morphine, l'Acétate de Morphine, le Nitrate de Morphine, le Tartre de Morphine, Bromhydrate de Morphine.

C'est l'Hydrochlorate de Morphine le plus usité, vu qu'il se dissout très bien dans l'eau, 1/25 ; se donne pour les solipèdes et les ruminants à la dose de 15 à 30 centigr.: pour le porc, de 5 à 10 centigrammes ; chèvres et moutons, 1 à 2 centigrammes ; pour le chien, 5 milligrammes.

    Chlorydrate de Morphine........   1 gr.
    Glycérine.....................   20 —
    Eau distillée.................   30 —

Chaque gramme de cette solution contient 2 centigr. de la substance. Dose à injecter aux solipèdes, 5 gr.: aux ruminants, 5 à 8 gr : porcs, 2 gr ; chiens. 50 centigr. Les doses peuvent monter pour les bœufs et les chevaux jusqu'à 1 gr. 50 c. ; pour les moyens jusqu'à 50 centigr., et, enfin. pour les petits, de 2 à 10 centigr.

La Morphine est extraite du Pavot. Voici les maladies qui sont traitées par la Morphine : Tétanos, coliques violentes, boîterie, rhumatismes, diarrhée, affections nerveuses ou spasmodiques, palpitations de cœur, hernie du diaphragme avec coliques, douleurs, fourbure, pleurésie, l'ymphangite gourmeuse, etc. A ces diverses maladies, on peut ajouter les suivantes: mammite, hernie étranglée et l'anesthésie.

La Morphine est un calmant puissant mais très dangereux pour ceux qui en abusent ou qui en font usage.

Traitement du Tétanos par le Nitrite d'Amyle.

Ce médicament a, dit-on, la propriété de guérir le Tétanos. Plusieurs cas de guérison ont été constatés d'après MM. Gohnstone, vétérinaire, et Lavron.

La dose de Nitrite d'Amyle est de 1 gr. 20 centigr. donnée en deux injections dans la journée. On peut porter la dose jusqu'à 1 gr. 50 centig. et même 2 gr. 10 centigr. pendant cinq jours. Le cheval guéri par ce traitement. est entré en traitement le 16 août et fut guéri à la fin du même mois.

Le Nitrite d'Amyle est obtenu par l'action de l'Acide azotique sur l'Alcool amylique purifié. Il se présente sous la forme jaunâtre, liquide, et est employé comme Anesthésique, etc.

Traitement des Affections purrulentes et des Matiéres organiques, ainsi que les Plaies fétides, gangréneuses, Morsures des Vipéres et des Serpents.

Par le Permanganate de potasse qui se dissout facilement dans l'eau et dans l'alcool au 1/16 dans l'eau et 1/2 pour cent. La dose à injecter est de 5 à 10 grammes pour les grands animaux et de 1 à 2 grammes pour les petits. Ce médicament arrête la putréfaction des matiéres organiques et les plaies fétides, etc.

Phénol d'Ammoniaque, a été employé par M. le Docteur Réclant, en solution dans l'eau, à la dose de 2 p. 100 chez le cheval et 3 p. 100 chez le bœuf. Ce médicament parait plus certain que l'Acide phénique et plus rapide. Il est employé en thérapeutique pour combattre les maladies charbonneuses, la fièvre bovine, la fièvre typhoïde et les inoculations vénéneuses, par M. Maret, médecin vétérinaire, dans le Cantal.

Traitement par la Pilocarpine.

On se sert de ce Sel au nombre de deux : 1° le Chlorhydrate de Pilocarpine ; 2° le Nitrate de Pilocarpine soluble dans huit parties d'eau. — 8 centigrammes de Nitrate de Pilocarpine a fait périr un chien.

Doses à donner pour le cheval et le bœuf, 0 gr. 10 c., 0 gr. 25 c.; brebis et chèvres, 0 gr. 15 c. ; pour le chien, 0 gr. 002 à 0 gr. 005 milligr.

A titre d'expectorant, est donné dans les maladies suivantes : Angine, Laryngite, la Gourme, la Bronchite, la Pneumonie, etc.; est aussi donné comme évacuant contre les coliques de toute nature ; à titre sudorifique, dans l'Anasarque, l'Hydropisie, l'Hydrocéphale, l'Hydrotorx ou Pleurésie, dans l'Ascite, etc.

MM. LABAT et MOLET, professeurs à Toulouse. — La Pilocarpine agit sur le système nerveux, disent ces deux savants. M. Mocard, professeur et directeur de l'école vétérinaire d'Alfort, nie les bons effets de ce médicament contre la rage du chien.

Traitement contre les Tumeurs-Squirres.

Tumeurs formées dans la région inguinale occasionnées par la castration et contre lymphadénome. C'est un médicament que l'on peut employer contre la Néoplasie par l'Iodure de Potassium.

Iodure de Potassium.............	2 gr.
Eau distillée...................	6 —

Traitement par la Quinine et ses Sels.

Le Chlorhydrate de Quinine. Ce sont les sels que l'on doit préférer.

Dose à donner aux animaux :

Cheval, bœuf.......	0 gr.	10 centigr.	0 gr.	25 centigr.
Moyens animaux....	0 —	05 —	0 —	10 —
Petits animaux.....	0 —	02 —	0 —	05 —

On peut employer l'une des solutions suivantes :

Sulfate de Quinine.........	1 gr.
Eau distillée...................	10 —
Eau Rabel.....................	1 —

On peut remplacer l'eau de Rabel par 50 centigrammes d'Acide tartrique.

Chlorhydrate de Quinine........	1 gr.
Eau distillée...................	10 gr.
Dose : Pour les petits animaux.........	0 gr. 05 cent.
Pour les grands ruminants et chevaux	1 gr.

La dose est de 2 à 5 grammes pour les maladies. (Voyez QUINQUINA.)

Strychnine : 1° Le sulfate de Strychnine est soluble dans neuf parties d'eau froide ; 2° l'Aséniate de Strychnine, peu soluble dans l'eau mais très soluble dans l'alcool : 3° l'Azotate de Strychnine. soluble dans l'eau 1/50 ; 4° le Chlorhydrate de Strychnine se dissout dans 90 parties d'eau froide. Parmi les sels, le Sulfate est le plus employé et est moins vénéneux que le Nitrate et le Chlorhydrate.

A dose thérapeutique, la Strychnine stimule les muqueuses de l'appareil gastro-intestinal et augmente les sécrétions de ses glandes annexes, facilite la digestion, exalte la sensibilité des organes des sens, réveille la vitalité et affaiblit les mouvements vitaux des animaux ; d'autre part, donne de la force aux organes. augmente la motrice du centre nerveux et du système musculaire. de la moelle épinière, etc.

La dose du sulfate de Strychnine est de 0 gr. 05 centigrammes à dissoudre dans 8 grammes d'eau pour injection hypodermique :

1° La dose est de 14 à 20 et à 25 centigrammes pour tuer un cheval ; 2° 0 gr. 10 à 0 gr. 12 centigrammes pour tuer un poulain ; 3° on peut tuer un bœuf en peu de temps avec la dose de 15 à 20 centigrammes : 3 centigrammes tuent un veau ; la dose de 1 centigramme à 12 milligr. suffit pour tuer la chèvre et le mouton.

La dose de 5 centigr. tue un porc ;

   —   3 à 4 milligr. tue un chien :

   —   1 milligr. tue un chat.

Il est bien entendu que c'est pour les injections sous-cutanées.

Dose à faire prendre en pilules aux animaux pour guérison :

Bœufs, de..................	0 gr. 06 à 12 à 10 et 25 cent.
Solipèdes ou chevaux, de.	5 à 8 à 20 centigr.
Petits ruminants, de......	1 à 5 à 2 —
Porcs, de...............	1 à 2 milligr
Chiens, de...............	1 à 3 à 5 —
Chats. de.................	1 à 2 —

Pour le porc, la dose peut augmenter jusqu'à 1 à 2 centigrammes.

Les injections peuvent être de 2 à 3 fois dans la journée, mais il faut une prudence extrême pour se servir de ce médicament qui amène plus souvent la mort que la guérison.

Comme j'ai déjà parlé de la Strychnine, voyez à la page 16 la nomenclature des maladies traitées par ce médicament.

Traitement spécial de la Chorée, du Diaphragme, par la Valériane d'Atropine.

Valériane d'Atropine......... 2 centigr.
Eau distillée............... 9 gr.

Guérit, dit-on, la Chorée ou maladie convulsive. (Voyez VALÉRIANE.)

Traitement des Coliques avec indigestion. par la Vératrine.

Employée pour : Le Vertige abdominal,
La Paralysie,
Les Rhumatismes,
Les Maladies nerveuses,
Le Tétanos,
L'Epilepsie,
La Chorée,
Les Boiteries avec douleurs.

On extrait la Vératrine de l'Ellébore blanc et noir. Elle est soluble dans l'eau froide et dans l'alcool ; ses sels sont tous solubles ; 3 grammes de Vératrine font mourir un cheval. 1 gramme le purge, 15 à 20 centigrammes font mourir un chien.

Sulfate de Nitrate de Vératrine... 1 gr.
Glycérine ou Alcool............ 25 —
Eau distillée................. 25 —

Mélanger ces trois substances ensemble et chaque gramme de cette solution contient 2 centigrammes de substance active.

DOSE :

Cheval, bœuf.... 5 gr. 05 centig. 0 gr. 10 centigr.
Moyens animaux. 0 — 01 à 0 g. 02 0 — 03 —

Traitement par le Chlorure de Zinc (Très caustique).

Pour combattre les suppurations gangrenées locales et diverses plaies de mauvaise nature. Le Zinc est aussi souvent employé en solution dans l'eau distillée au 1/20 en injection à un ou plusieurs grammes au sein de la tumeur. Mais le sulfate d'Oxyde blanc et le Chlorure sont très solubles dans l'eau et dans l'alcool. Ce médicament, à raison de son action escharotique, n'est pas absorbé.

Réfrigérant : qui a pour titre d'abaisser la température du corps, telles sont les eaux et partie de Nitrate de soude. 1° une partie de ce mélange produit un froid de 16 degrés ; 2° Sulfate de soude, 8 parties, Acide chlorhydrique, 9 parties ; ce mélange produit un froid de 18 degrés ; 3° Sulfate de soude, 3 parties, Acide nitrique, 2 parties ; ce mélange produit un froid de 19 degrés : 4° Neige ou glace pilée, 2 parties, Sel marin de cuisine, 1 partie : ce mélange donne un froid de 20 degrés : 5° Eau, une partie, Carbonate de soude, 1 partie, Chlorhydrate d'ammoniaque, 1 partie : ce mélange donne un froid de 28 degrés. Pour obtenir de la glace, l'on verse le Carbonate de soude dans de l'eau et quinze minutes après on verse le Chlorhydrate d'ammoniaque, et, de cette manière, on obtient de la glace à volonté.

Eau de Régale et sa composition.

1° Acide azotique officinal......   80 gr.
2° Eau distillée..............   20 —
3° Acide Chlorhydrique officinal.   300 —

Ce mélange a la propriété de dissoudre l'or, l'argent, le platine et enfin tous les métaux.

Composition de la Liqueur de Villate.

SAVOIR :

Sulfate de Cuivre............	64 gr.
Sulfate de Zinc.............	64 —
Extrait de Saturne, Plomb. ...	120 —
Vinaigre, un litre ou.........	1000 —

Mélanger le tout ensemble et ajouter le vinaigre.

Cette composition est pour combattre les maladies suivantes :

Les vieilles plaies, les ulcères, les caries de toutes sortes, le javart, le clou de Rue, le piétin du mouton, les blessures du garot, les eaux aux jambes, la fourchette pourrie, le crapaud, etc., etc.

Elixir composé pour les petits Animaux et pour l'Homme.

Myrte.....................	12 gr.
Aloès Succotrin...............	10 —
Safran	8 —
Clou de Girofle...............	2 —
Cannelle fine.................	2 —
Muscade....................	1 —

Mettez le tout macérer dans un litre de bonne eau-de-vie, pendant 48 heures, ensuite filtrez le contenu et buvez-en la valeur d'un petit verre, le matin à jeun.

Injection sous-cutanée pour combattre les Douleurs dans la Castration, l'Etérisation rectale et de l'Anesthésie partielle

par le procédé suivant :

PRENEZ :

Alcool	5 gr.
Ether.....................	5 —
Chlorhydrate de Codéine.........	1 —

Cette solution calme les douleurs de l'opération et facilite l'opérateur.

Manière de fabriquer de la bonne Absinthe.

L'on fait infuser l'Absinthe romaine fleurie avec de l'alcool ordinaire traité par l'eau, puis l'Anis ou Fenouil et Mélisse, Menthe, Coriandre, Hysope. Mélangez le tout à partie égale ensemble et distillez avec du trois-six sur les feuilles et les semences de Fenouil ou d'Anis additionné d'un peu de Caramel.

Traitement des Plaies de mauvaise nature.

PRENEZ :

Chloroforme.................... 5 gr.
Gutta-Percha .... 1 —

Mélangez ces deux substances et appliquez sur les plaies.

La manière de tuer les Rats.

Coupez du liège par petits morceaux, faites-les frire dans une bonne friture d'huile de noix, puis répandez dans les lieux infestés par ces animaux : ils mangent ces lièges et en meurent.

Autre composition pour les rats, aussi simple que possible : Prenez de la farine de froment dans laquelle vous ajoutez une cuillerée à bouche de plâtre bien fin, et à côté, mettez-y de l'eau tout simplement.

Manière de détruire les Souris, ou plutôt de les faire prendre dans les souricières.

Si vous voulez faire sortir les souris de leurs trous en plein jour et les contraindre à entrer dans une souricière, graissez votre main d'huile de Cumin ou d'huile d'Arris et frottez-en quelques brins de paille que vous introduisez dans un piège ou souricière.

Manière de faire le Cirage anglais.

Prenez cire jaune 125 grammes, faites fondre dans un demi-verre d'eau chaude, dans un plat, sur le fourneau : quand la cire est fondue, ôtez le plat du feu pour y mettre 250 grammes d'Essence de Térébenthine, 10 centimes de noir d'Ivoire, une cuillerée d'huile d'Olive, 10 centimes de Vitriol et 32 grammes de sel de Tartre. Le Vitriol doit être mis le dernier.

Manière de nettoyer le Cuivre.

Prenez trois chopines d'eau de pluie ou de rivière, mettez-y pour deux sous de Terre pourrie, une cuillerée d'huile d'Olive, 40 à 50 grammes de Charbon de bois en poudre et pour 10 centimes de Vitriol ; le tout se fait à froid. Il ne faut pas remplir la bouteille, car si la bouteille était pleine, il y aurait explosion. Il faut bien la boucher pour qu'elle ne s'évente pas. Agitez la bouteille avant de vous en servir.

Moyen de chasser les Charançons du blé.

Faites chauffer une pinte ou un litre et demi de Goudron minéral ou de Zase liquide dans un vase ; dès qu'il y a ébullition, déposez ce goudron dans la grange ou dans le grenier, l'odeur fait disparaître ces insectes.

On peut aussi badigeonner ou enduire les portes et planchers du grenier ou grange, de ce fait, vous ne verrez plus ces dangereux insectes.

Manière d'ôter les Taches de graisse sur les Vêtements.

Frottez à sec la tache avec du savon ordinaire, puis enlevez ce savon avec une brosse mouillée dans l'eau chaude. la terre argileuse détrempée appliquée sur les taches une fois sec, brossez votre tache et la graisse a disparu.

Traitement des Flux de Sang Hémorrhoïdes

Par le Docteur HEURTELOUP, de l'hospice cantonal
de Ligueil, près Tours.

Mettez dans une pinte de vin blanc, une poignée de fruit
d'Eglantier, 2 poignées de feuilles de petite Guimauve, une
bonne cuillerée de graine de Lin, une poignée de Plantin
à longues feuilles ; faites bouillir le tout ensemble, versez
dans un vase et asseyez-vous au-dessus de manière que le
siège reçoive la vapeur. Répétez ce remède plusieurs fois et
vous serez guéri.

Autre Remède pour la même Maladie,

Par le même Auteur.

Prenez une pomme de reinette, creusez-la et ajoutez
dans le creux, de la cire neuve de la grosseur d'un haricot,
fermez ensuite l'entrée avec le morceau que vous avez ôté,
faites cuire la pomme et donnez-la à manger, le matin à
déjeuner et le soir à souper, au malade.

Traitement des Plaies par la Poudre de Café

On applique tout simplement la poudre de café sur les
plaies de mauvaise nature.

Traitement des Coliques de toutes natures
par le Camphre et l'Assa-Fœtida.

Donnez camphre en poudre, 20 grammes, mélangez avec
miel, environ 20 grammes ou une cuillerée à bouche, donnez d'une seule fois : ce médicament est infaillible.

    Assa-Fœtida...................... 15 gr.
    Camphre .... 12 —

Mélangez en deux substances et donnez-en deux ou trois
fois par jour ou en une seule fois contre les coliques dou-
loureuses.

Traitement contre les Genoux couronnés,
par la Chélidoine ou Eclaire,

Plante qui appartient à la famille des Papavéracées
qui croit dans les haies ou les vieux murs.

Prenez feuilles et racines de Chélidoine, 1 kilog. que l'on fait bouillir vingt minutes, appliquez le contenu en cataplasmes chauds deux ou trois par jour et la nuit. On peut en faire pour deux ou trois jours à la fois, mais mieux vaut le faire tous les jours. Avec le jus, vous arrosez le cataplasme sur le genou et lavez la plaie avec ce liquide. Ce traitement empêche l'arthrite de se former, arrête l'inflammation et calme la douleur. (Voyez Chélidoine.)

Traitement des Coliques du Cheval par le Lait.
Ether en lavements.

Ether, 25 grammes par litre de lait chaud ; on peut augmenter la dose progressivement jusqu'à 150 grammes, à donner en plusieurs fois dans la journée, de demi-heure en demi-heure.

Traitement de la Gale des Ruminants et des Chevaux.

Pétrole	50 gr.
Benzine	50 —
Huile d'Arachide	50 —

Mélangez le tout ensemble et appliquez légèrement sur les parties malades.

Traitement pour combattre la Gangrène des Poumons, des Bronches, des Catarrhes purulents, la Bronchite vermineuse du Mouton, par les injections trachéales, à la dose de 30 grammes par injection.

Voici la formule :

Acide Phénique cristallisé	1 gr.
Alcool à 80°	45 —
Eau distillée	45 —

Mélangez le tout ensemble et employez le contenu quand besoin est. (Médicament infaillible.)

Traitement pour combattre la Tuberculose des Animaux.

Voici la préparation pour les petits animaux :

Créosote . . . . 14 gr.
Teinture de Gentiane. . . . . 30 —
Alcool. . . . . 250 —
Bon Vin pur. . . . . 1 lit.

Mélangez le tout ensemble et donnez aux malades atteints de tuberculose, de deux à trois cuillerées à bouche par jour. Ce médicament tue les bacilles. Pour les ruminants, on peut tripler la dose.

Traitement du Catarrhe auriculaire du Chien.

De la solution décrite dans ma brochure (page 20), appliquez dans l'oreille deux gouttes le matin et deux gouttes le soir. Avant d'introduire la solution dans l'oreille, vous prenez 20 grammes de Sulfate de Magnésie que vous faites dissoudre dans un verre d'eau ; de cette eau, vous lavez l'oreille du chien à chaque pansement.

Pour conserver les Chaussures contre l'humidité.

FAITES FONDRE :

Cire jaune. . . . . 200 gr.
Panne de porc. . . . . 225 —
Miel . . . . 200 —
       Retirez du feu et ajoutez :
Essence de Térébenthine. . . . . 100 —

Mélangez le tout ensemble et remuez jusqu'à ce que la pommade soit bien faite. Avant de graisser vos souliers, vous les passez légèrement sur le feu pour les maintenir chauds et vous appliquez avec un pinceau une légère couche de cette pommade qui défend à l'humidité de pénétrer.

Traitement composé par **M. ROUSSEAU**, pour combattre les Grappes des Chevaux et la Crapaudine ulcéreuse de l'Ane.

PRENEZ :

Teinture de Cantharides	100	gr.
Benzine	100	—
Huile de pétrole	100	—
Goudron	1000	—
Essence de Térébenthine	100	—
Assa-Fœtida en poudre	200	—
Camphre en poudre	100	—
Acide phénique	50	—
Glycérine	500	—
Panne de porc	2000	—

Faites fondre la Panne, ajoutez la Glycérine et retirez du feu le vase en terre; ajoutez dans ce vase les autres substances, remuez le tout jusqu'à refroidissement et appliquez légèrement avec un pinceau un peu de pommade sur toute la partie malade.

Traitement des Hernies ombilicales des Poulains (v. p. 19), par le Sel marin de cuisine.

On fait dissoudre du sel dans de l'eau ordinaire et l'on filtre le liquide ; de cette solution, vous injectez chaque côté de la tumeur, 5 grammes de cette liqueur, avec la seringue de Prava, par le moyen ordinairement pratiqué, en faisant pénétrer l'aiguille sous la peau.

Traitement des Tumeurs cancéreuses ou cancroïdes de la Peau, Tumeurs du Cordon testiculaire ou Champignon, et le Kiste du Coude appelé Eponge.

PRENEZ :

Emétique	10	gr.
Iode	6	—
Camphre en poudre	4	—
Panne de porc fondue	40	—

Faites la pommade et appliquez-la sur la tumeur, le malade sera vite guéri.

Traitement de l'espèce Sarcopte mélangée de Symriotes Eaudatus.

PRENEZ :

Huile d'Olive...................... 30 gr.
Ether.............................. 30 —
Naphtale .... 10 —

Ce traitement a pour base de traiter les furets atteints de cette maladie. Désinfectez les cages avec de l'eau de cuivre ou à l'eau de chaux ou à l'eau phéniquée.

Traitement des Cors aux pieds et du Garot du Cheval, par le Salicylate de Soude.

Pour l'homme : Salicylate de Soude...   1 gr.
               Ether................   8 —
Pour le cheval : Salicylate de Soude... 10 —
               Ether................ 80 —

Mélangez les deux substances, agitez la bouteille et appliquez cette solution sur le corps avec un petit pinceau jusqu'à ce que le cor tombe de lui-même.

Traitement pour combattre les Inflammations du Pis ou Mammite.

Prenez : Potasse 1 partie, Eau 2 parties, Huile d'olive 4 parties, mélangez le tout pour 1 litre ; frictionnez légèrement les parties malades trois fois dans la journée, le matin. à midi et le soir.

Traitement pour combattre l'Epizootie des Moutons.

Acide phénique pure........   1 k. 500
Chaux caustique...........   1 —
Sel de Soude..............   3 —
Savon noir................   3 —
Eau chaude................   260 litres

pour bain. On plonge chaque mouton dans le liquide.

Traitement des Plaies gangréneuses chez tous les Animaux et chez l'Homme.
(Médicament infaillible.)

PRENEZ :

Sucre au jus de persil ou extrait de persil..... 60 gr.
Sel et poivre, de chacun.................... 20 —

Mélangez dans 800 grammes de vinaigre de vin blanc, faire macérer le tout pendant quatre jours et appliquez avec un pinceau sur les parties gangrénées et ulcérées. Cette formule guérit toutes les plaies gangrénées.

Traitement de l'Encorrhée métrite (Inflammation de la Matrice).

PRENDRE :

Feuilles de Noyer............. 250 gr.
Acide tanique................. 20 —
Goudron de Bois.............. 250 —
Sulfate de Zinc........... au 1/100
Alun......................... 20 gr.
Eau ordinaire................ 6 lit.

Faites des injections dans la matrice d'environ le contenu d'un verre ordinaire. Donnez pour l'intérieur ou à faire prendre par la bouche, Acide arsénieux 1 gramme par jour pour les grandes femelles et pour les moyennes de 25 à 50 centigrammes; pour chiens, chats de 1 à 3 centigrammes et pour les cochons, la dose est de 15 à 30 centigrammes. Les femelles malades de la métrite seront vivement guéries par ce traitement. Ces femelles rejettent par la vulve une exhalaison purulente d'une matière jaunâtre, d'un blanc sale, maladie de l'utérus et de ses adapts chez toutes les femelles des mammifères.

Gourme du Chien.

Vomitif ipécacuanha à la dose de 25 centigrammes à 1 gramme, Sinapisme, chaque côté des poumons s'ils sont atteints : Café, Chlorate de Potasse 10 centigrammes à 1 gramme. La dose du Chloral est de 2 à 4 grammes. S'il y a chorée, donnez bain d'eau froide où on plonge le malade.

Dartre des Chiens.

Traitement : Bain alcalin. Alun 30 à 50 grammes pour 10 litres d'eau. Ajoutez dans ce bain, Sel de cuisine, Bi-Carbonate de Soude, Chlorhydrate d'Ammoniaque, le tout à partie égale : de 4 grammes de chaque substance. Acide phénique, Glycérone, Saponine ; Pommade, suit : Per-chlorure de Fer 30 grammes, Acide sulfurique 15 grammes pour 250 grammes de panne ou de graisse de porc : une seule friction suffit.

AUTRE POMMADE :

Acide sulfurique	2 gr.
Graisse de porc	168 —
Goudron de Bois	60 —
Chaux en poudre	30 —

Mélangez le tout ensemble et appliquez légèrement de cette pommade jusqu'à complète guérison.

Dartre entre les doigts du Chien.

POMMADE COMPOSÉE DE :

Iodoforme	2 à 4 gr.
Graisse de porc	40 —

Mélangez le tout ensemble et appliquez légèrement cette pommade sur les parties malades jusqu'à complète guérison.

Maladie de la Peau.

Sublimé corrosif 1 gramme pour 50 grammes d'eau dis-tillée, cinq à six lotions sont suffisantes pour combattre la teigne.

AUTRE COMPOSITION :

Acide tannique	1 gr.
Teinture d'Iode	10 —
Glycérine	20 —

Mélangez et appliquez trois fois par jour. En quatre ou cinq jours, le malade est guéri.

Teigne Pelade, parasitaire qui végète sur les poils.

TRAITEMENT :

Chlorate d'Ammoniaque......... 30 gr.
Teinture de Cantharides .... 50 —

**Prurigot, parasites des végétaux qui vivent
sur les Chiens et sur les Hommes, etc.**

Traitement : Infusion de Tabac mélangée avec 20 gr.
de Benzine ; appliquez de cette solution légèrement autour
des oreilles et des yeux.

Gale du Chien, Gale foliculaire.

TRAITEMENT :

Sublimé corrosif........... 30 à 8 centigr.
Glycérine.................. 30 gr.

Faire dissoudre le Sublimé dans un peu d'alcool et
ensuite mélangez avec la Glycérine.

AUTRE COMPOSITION :

Teinture d'Iode............... 10 gr.
Glycérine..................... 50 —

On fait bouillir 100 grammes de Fleurs de Soufre avec
200 grammes de Chaux vive, puis mélangez dans 10 litres
d'eau pour lotions ; à répéter jusqu'à complète guérison.

AUTRE POMMADE :

Fleur de Soufre............... 30 gr.
Cantharides en poudre........ 30 —
Graisse de porc.............. 500 —

Même gàle, etc.. etc.

Ascite ou Hydropisie abdominale du Chien,
Qui a pour affection le Foie, n'est autre chose que la
Tuberculose du Foie et Péritoine.

Traitement : Ponction entre les parois costales, Digitale,
Scille, Colchique, Nitrate de Potasse.

Acide benzoïque. . . . .   2 à 4 gr.
Digitale . . . .   12 à 25 centigr.
Poudre de Scille. . . . .   30 centigr.
Crème de Tartre. . . . .   12 gr.
Essence de Térébenthine. . .   30 à 40 gouttes

en deux fois dans la journée.

Asphyxie, Congestion sous-cranienne et Congestion des Poumons.

Saignée 250 grammes, irrigation d'eau froide.

Traitement de l'Eclampsie et de l'Epilepsie vermineuse.

Donner Semen contra ou son principe actif Santonine, la dose est de 10 à 15 grammes et celle de Santonine de 2 à 3 centigrammes.

Traitement des Puces (Pulex) du Chien.

Laver les niches à l'eau bouillante en y ajoutant une petite quantité de Benzine et de l'eau de Chaux pour blanchir la niche, ensuite brûler les pailles; poudrer le chien avec de la poudre de Pyrther fraiche de sa racine.

Poux du Chien.

Traitement : Poudre de graine de Staphyaigre, Herbe-aux-Poux ou Pied-d'Alouette. 15 grammes, à répandre sur les poils du chien et lavez avec du Carbonate de Soude, 50 grammes pour 2 litres d'eau.

Gourme du Chien.

La gourme du chien est une maladie éruptive.

Traitement : Voici une opération des plus simples qui a été expérimentée par des savants de la science vétérinaire: au préalable, je la donne pour ce qu'elle vaut. Pressez avec deux doigts la colonne vertébrale du malade à 18 ou 20 centimètres de l'anus et on suit en pressant fortement jusqu'à la naissance de la queue ; on en fait sortir une ma-

tière fétide par l'anus. On recommence cette opération plusieurs fois. Jusqu'à l'âge de 15 mois : Camphre en poudre,
1 gramme par jour à donner en trois fois, mélangez avec
2 à 4 grammes d'Assa-Fœtida, s'étend sur le corps : viande
fraîche. Quinquina, Vin. Bouillon de tête de Mouton et la
viande, bien nourrir le malade, purgez le chien avec de la
fleur de soufre (A suivre à la page 38).

Traitement par les Plantes pour Sirop dépuratif.

Voici la formule :

PRENEZ :

Racine de Bardane..............	20	gr.
Douce-Amère (tige.............	20	—
Fumeterre....................	20	—
Patience sauvage (racine........	20	—
Pensée sauvage (fleurs et feuilles).	20	—
Persicaire aquatique...........	20	—
Bourgeons de sapin.............	20	—
Saponaire (feuille, tige ou racine.	20	—
Trèfle d'eau ou Menyante........	20	—
Genêt à balais (fleurs...........	20	—

Faire bouillir les racines et les bourgeons de sapin pendant 30 minutes pour deux litres d'eau ; ensuite ajoutez-y
toutes les autres plantes et laissez le tout infuser au moins
quatre heures, mais mieux vaut laisser infuser le tout pendant toute la nuit.

Ensuite passez le jus, et ajouter dans ce jus sucre blanc,
une livre et demie, et laisser bouillir le tout le temps nécessaire pour en former le sirop, que vous donnez au chien
malade, de trois à quatre cuillerées par jour, en augmentant d'une cuillerée chaque par jour.

Plantes vermifuges pour tous les Animaux.

PRENEZ :

Absinthe (sommités fleuries,......	4	gr.
Fougère mâle (racine et jeunes		
pousses..........................		

Noyer Brou de noix	4 gr.
Pêcher (feuilles	—
Santoline (fleurs	—
Tanaisie (fleurs	—
Valériane racine ed poudre	—
Centaurée toute la plante ou les fleurs seules	—
Racine de primevère ou coucou	—
Plantin feuille et racine	—
Ail (quantité suffisante)	—

Le tout à partie égale ; de chaque, 4 grammes.

A composer ce vermifuge selon la force ou le poids des animaux.

Epilepsie idiopatique du Chien.

Maladie contagieuse. Symptômes : le chien trébuche et tombe, sa gueule est écumeuse ; grincement des dents, claquement des mâchoires, aboiement très douloureux.

Traitement :

Racine de Valériane en poudre en décoctions, 50 gr.

Poudre de Valériane 4 à 8 grammes. A faire prendre de la première solution une cuillerée à bouche toutes les heures et demie, ensuite le camphre à la dose de 1 à 2 gr.; elle peut même être augmentée jusqu'à ce que le malade soit calmé.

On a aussi donné le Cyanure de fer en pilules, à la dose de 15 centigrammes et a, dit-on, guéri cette maladie.

MM. Jourdier, Tabourin, disent avoir employé avec succès l'acide Cyanhydrique étendu d'alcool, à la dose de 4 gr. M. Levrat a donné le Bromure de Potassium à la dose de 50 centigrammes. On administre aussi, par M. Méguin, dans la Chorée, la Noix vomique en poudre à la dose de 20 à 30 centigrammes, mais les doses de Noix vomique ne sont que de 5 à 25 centigrammes pour le chien. En Belgique et en Angleterre, on donne l'Azotate d'argent à la dose de 1 à 2 centigrammes en pilules, une le matin et une le soir. M. Rousseau emploi le Camphre, la Valériane en poudre et les bains de Valériane. Ce sont les médicaments qui lui ont le mieux réussi sur le chien. Il donne le camphre de 50 centigrammes, en augmentant tous les jours la dose de 4 à 5 centigrammes par potion mêlée jusqu'à complète guérison.

Goitre du Chien.

Le Goitre est une maladie du chien occasionnée par une tumeur constituée par la glande thyroïde et les tissus glandulaires.

TRAITEMENT :

Iodure de potassium............	4 gr.
Benzoïée......................	9 —
Cérat	30 —

Pommade de Benzoine arrosée d'eau légèrement alcoolisée, d'Acide phénique et d'autres injections astringentes telles que : Alun, 50 grammes, Tan ou Acide tannique mélangé avec 200 grammes d'Alcool pour 20 grammes d'Acide tannique ou bien un demi-litre pour 50 grammes d'Alun mélangé avec 25 grammes de poudre de Tan.

Polype de la Verge du Chien.

Même traitement que les autres polypes chez la chienne, sauf que l'on emploi souvent après la ligature, l'Acide azotique pour cotériser les polypes.

Néphrite.

Maladie qui a pour siège les reins ou rognon, le péritoine et d'autres organes des voies urinaires.

Traitement : Saignée 250 grammes de sang, sel de nitre, 1 gramme à 50 centigrammes, camphre de 1 à 2 grammes est préférable à tous les médicaments. Par jour. Acide benjoin, la dose est de 1 à 2 et à 4 grammes : c'est un des plus puissants diurétiques connus pour combattre les maladies des voies urinaires. Cet acide est aussi vermifuge. (Voyez les diurétiques).

Les maladies calculeuses du chien. — On emploi le phosphate de chaux, de magnésie, d'urate d'ammoniaque. Cette maladie est presque toujours mortelle chez tous les animaux surtout chez le chien, le bœuf et même chez l'homme.

Urémie.

Nom donné, affections qui s'accumulent d'Urée dans le sang. L'Urée est un produit excrémentiel qui résulte de l'usure de nos tissus et qui doit être extrait du sang par les reins et le porte au dehors par les organes urinaires, dits Urée, répandue dans le sang. C'est ce poison qui fait mourir le chien, etc., etc.

Traitement de la Maladie des Poules.

Quinquina en poudre, gentiane, gingembre, salicylate de soude, le tout divisé en parties égales, à donner dans une pâtée.

Péritonite du Chien.

Péritonite aiguë qui a pour siège, le foie, l'utérus, les reins, la vessie et le péritoine.

Traitement : Saignée, 250 grammes ; cataplasme de farine de lin ; appliquez sur le ventre ; lavement et huile de ricin, potion opiacée ou opium, 50 centigrammes et faire prendre dans du bouillon gras ; calomel, 20 centigrammes mélangé dans un peu de viande hachée. C'est une affection parasitaire du foie, du mésentère et du péritoine, maladie occasionnée par Stronglé Jean ou vers parasitaires infiniment petits, vus seulement au microscope.

Polype du Vagin chez la Chienne.

Traitement : Ligature des polypes ; on les arrache avec des pinces ou on les coupe avec des ciseaux. S'il y a hémorragie, tamponnement du vagin ; on met de l'amadou, des toiles d'araignées (les toiles d'araignées contiennent des

microbes qui ne peuvent qu'envenimer la plaie), de la char-
pie imbibée de perchlorure de fer. Il y a des chiennes qui,
à l'époque de leur chaleur, ont de véritables règles compa-
rables à celles de la femme. Mais il y a d'autres pertes de
sang qu'il faut traiter. Ces pertes de sang sont le restant
d'une affection congestive de l'utérus et aussi du vagin.

Traitement : Poudre de seigle ergoté, 4 grammes pour
8 pilules : en faire prendre deux par jour, matin et soir,

> Perchlorure de fer.............. 10 gr.
> Eau froide.................... 20 —

pour injections dans le vagin. On emploie aussi les injections de nitrate d'argent.

Eclampsie des Chiennes.

TRAITEMENT :

> Éther........................ 4 gr.
> Chloroforme .... 4 —

par jour, associés de sirop ou de la glycérine sucrée, faire
boire de la bière au malade.

Gonorrhée.

Cette maladie existe presque chez tous les chiens. C'est
un écoulement purulent verdâtre qui salit l'ouverture du
fourreau.

Traitement : Faire des injections dans les fourreaux.

Gale sarcoptique du Chien.

Même traitement que les autres gales, sauf à laver le
malade au savon noir.

Morsure des Vipères et autres Serpents.

Aussitôt, faire une ligature bien serrée au-dessus de la
morsure, ensuite faire une incision assez profonde pour y
laisser couler le sang qui chasse le virus ou poison, Laver
les plaies avec du vinaigre ou avec de l'alcool phéniqué ou

avec de l'eau ammoniaquée, de l'eau chaude ou froide et a l'eau de potasse. Faire prendre au malade de l'eau chlorucrée, une demi-cuillerée à bouche ou bien de 30 à 40 gouttes d'ammoniaque dans un peu d'eau.

S'il y a paralysie, faire prendre une infusion de Menthe poivrée ou de la Valériane en poudre.

Le contre-poison du serpent le plus vénéneux, est la solution aqueuse de *Permagnate de potasse* par injection sous-cutanée auprès du point mordu. elle détruit l'effet du venin. Le bathrops est le serpent le plus terrible connu au Brésil, aussi sa morsure est-elle toujours mortelle.

Chancre des Oreilles et Catarrhe auriculaire dartreux du Chien.

TRAITEMENT :

Précipité rouge.................. 1 gr.
Baume Tranquille.............. 10 —

et une goutte d'huile de cade si les parties malades ne sont pas trop irritées.

L'*Ernée* est une maladie parasitaire du chien qui a pour siège les sinus frontaux ou maxillaires du chien. Elle est dans les cavités nasales et du phrynx. L'huile empyreumatique, à la dose de 15 grammes, tue ce parasite par injection dans les naseaux où siège ce parasite, mélangez avec un jaune d'œuf étendu dans 150 grammes d'eau tiède. Le contre-poison de l'arsenic est l'hydrate de péroxyde de fer, à la dose de 15 à 30 grammes dans quinze fois son poids d'eau chaude : à faire prendre de quatre heures en quatre heures ainsi que des eaux ferrugineuses : sont préférables des blancs d'œufs bien battus : une décoction d'amidon.

Contre du *Mercuriel* et du *Sublimé corrosif,* on donne du foie ou de la fleur de soufre à la dose de 25 centigrammes a 1 gramme dans un verre d'eau froide ou dans du blanc d'œuf et aussi dans du lait sucré ; le charbon en poudre est également ordonné : la magnésie calcinée à la dose de 15 grammes en suspension dans de l'eau.

Les Poisons narcotiques. — Le contre-poison, les vins. les alcools, le café, l'ammoniaque, à la dose de 5 à 10 gouttes et même plus, dans de l'eau froide, le vinaigre très étendu de sulfate de soude.

Maladie des annexes de l'appareil digestif du Foie, Congestion, Apoplexie, Péritonite, Apoplexie du Foie et des Intestins, des Poumons.

Est peut-être le siège de violentes congestions intestinales qui amènent rapidement la mort du chien.

La cause de ces affections est la Pléthore, etc. (Voyez PLÉTHORE).

Ictère ou Jaunisse du Chien.

TRAITEMENT :

Calomel à la vapeur........ 20 centig.
Savon médicinal............ 1 gr.
Savon noir.

Mélangez le tout pour une potion, ensuite on donne trois granules d'un milligramme par jour d'asséniate de strychnine. Ce traitement ne dure que quelques jours jusqu'à la cessation de la stupeur. On quitte et l'on recommence après.

Traitement des Fractures du Chien.

Prenez blanc d'œufs, alcool, camphre et alun, mélangez le tout ensemble bien battu et appliquez sur les membres fracturés du chien.

L'*Emphysème* du poumon n'est autre chose que la dilatation des cellules aériennes déchirantes des vésicules pulmonaires. Les malades jettent une substance d'une teinte d'un gris ardoisé appelée mucopins, une toux quinteuse, petite et sèche.

Maladie du Coït ou Cointale, indépendante de la Maladie appelée sous le nom de Dourine.

Elle est occasionnée par la saillie du cheval avec la jument.
Traitement : Iodure de Potassium, 5 grammes le matin

et 5 grammes le soir. Cette maladie est appelée Gourme
cointale, maladie éruptive des organes génitaux des
femelles, jument et des mâles, cheval ; maladie vénérienne,
syphilis chancreux, vérole, typhus vénérien.

Maladie du Lait.

Est le microbe du lait bleu décrite pour la première fois
par M. Bourquelait. Allez au Vatican, vous verrez la pein-
ture de Raphaël qui nous démontre un prêtre·incrédule qui
trouve l'hostie ensanglantée de micraculo, dit M. Bolscuce
en 1263, ce ne sont que des Micrococus. Le Micrococus
prodigiosus. Cette maladie a été décrite par M. Haubner
en 1852 et par M. Reiset. Schuzophyte apparait sur le pain
et les légumes, cette maladie est contagieuse aux végétaux
et au lait : MM. Meelsen et de Barowski en 1788. M. Par-
mentier en 1792 à 1799, mémoires importants : Chabert et
Fromage en 1805, Hernistaedt en 1833, Steinhof en 1838 :
M. Fuchs les appelait Vibris cipsanogenus : ces vibrons du
lait bleu. MM. Davaine, Haubner nient la découverte de
M. Fuchs ; MM. Mosler et Hallier exposent leurs idées
sur le poly-morphisme des champignons : MM. Bouexhl et
Zeirtung en 1866, prétendaient que des pénicilluimes peu-
vent dériver suivant le milieu. Le Muco, le Leptothrix, le
Favus, la Levure, le Micrococus, les Bactéries, les Vibrons
du lait ont été étudiés par MM. Haubner, Erckmann,
Neelsen, Reiset : le lait contient un ferment figuré qui se
développe et se multiplie ; cette maladie se perpétue : sa
congestion par la poussière des laiteries où elle séjourne.
Zopf est l'auteur du nom de Bactérium.
Deespalpilze en 1883 qui est le véritable nom de cette
Arabie au lieu du nom de Vibriszoff ; il les appelle Cyano-
genum et celui du lait Cocus, le Tyrothrix, ferment du
fromage découvert dans le sang d'un malade atteint du clou
de Buspau Buskra. Et dans la viande. Deploaci représente
les Bacilles vues au microscope grossis de 800 fois. Aujour-
d'hui cette maladie du lait bleu est bien connue ainsi que
celle des végétaux qui ont le même parasite que celui du
lait bleu des laitiers.

Pour nettoyer les corps gras qui contiennent de l'huile tels que flacons, on fait une solution de Permanganate de Potasse et on ajoute de l'Acide chlorydrique. Cette solution produit un dégagement de Chlore qui décompose la matière organique permettant le lavage à l'eau. Lorsque les flacons ont contenu des solutions résineuses, il faut les laver avec une lessive caustique et rincer ensuite à l'alcool ; lorsqu'ils ont contenu des essences, on les lave à l'Acide sulfurique et on les rince ensuite à l'eau froide. Ces petites recettes sont toujours utiles pour le public, c'est pourquoi aussi, je dis : que les forts soutiennent les faibles, que les riches soulagent les pauvres, que les instruits enseignent aux ignorants, voilà, mes chers lecteurs, la sagesse du philosophe.

Traitement emprunté à **M. Klmm**, vétérinaire allemand à Stralsund.

Pour combattre l'immobilité du cheval par les injections sous-cutanées, par le Chlorydrate de Pilocarpine à la dose de 1 gramme et de 1 gramme 20 centigrammes pour les forts chevaux.

Autre Traitement de l'Eclampsie chez les Vaches après l'accouchement.

Hydrate de Chloral............	100 gr.
Eau distillée.................	500 —

Mélangez et divisez le contenu en dix potions, cinq en lavements et cinq en breuvages, avec de l'eau sucrée environ deux verres d'eau pour chaque potion que l'on fait prendre à la malade.

Traitement de la non-délivrance chez les Vaches.

Aussitôt le vêlage fini, vous faites une injection d'eau très chaude dans l'utérus pour faciliter le placenta à se détacher de cotilédons et qui nettoye le reste des lochies et le sang qui y sont restés.

L'eau chaude est un désinfectant des plus puissants : si la

vache végète ; il se forme une matière blanchâtre et purulente très épaisse ce qui arrive à la suite d'avortement.

Traitement : Faites-lui des injections trois fois par jour dans l'utérus ; dans chaque injection d'eau bien chaude, vous ajoutez 4 grammes ou 20 grammes d'acide borique par litre d'eau bouillante jusqu'à complète guérison qui ne dépassera jamais plus de quatre à huit jours.

L'Acide citrique, ou Acide de Tartre soluble, se dissout dans deux fois son poids d'eau, se donne aux mêmes doses que l'Acide citrique, c'est-à-dire à 2 gr. 50 centigr. par litre d'eau sucrée pour l'homme et les petits animaux, les doses triples pour les grands animaux, chevaux, bœufs, etc.

Recette pour enlever les Taches d'Encre ainsi que l'Ecriture sur le Papier.

Prenez Acide oxalique ou Acide tartrique en solution, appliquez légèrement sur les taches d'encre qui disparaîtront complètement.

Pour combattre la Gangrène des Plaies :

PRENEZ :

Sucre de persil .... 60 gr.
Sel de cuisine.................. 20 —
Poivre .... 20 —

Mélangez le tout avec 500 grammes de vinaigre de vin, faites macérer le tout pendant trois jours et appliquez de cette liqueur avec un petit pinceau sur les parties gangrénées et ulcérées. — Ce médicament guérit toutes les plaies gangrenées.

Traitement contre l'Immobilité du Cheval.

Faites des injections sous-cutanées par le Chlorhydrate de Pilocarpine à la dose de 1 gramme et 1 gr. 20 centigr. pour les forts chevaux, guérison certaine.

Autre Formule contre la Gale des Moutons (V. p. 14).

PRENEZ :

Vif Argent.................... 90 gr.
Panne de porc mâle.......... 1 kil.
Sel de cuisine............... 500 gr.
Essence de Lavande.......... 250 à 300 gr.

Pour faire dissoudre le vif argent, mélangez le tout ensemble et remuez jusqu'à refroidissement. Appliquez légèrement de cette pommade jusqu'à complète guérison. Médicament infaillible pour tous les animaux.

Traitement du Crapaud du Cheval.

PRENEZ :

Protochlorure d'Antimoine...... 1 gr.
Acide chlorhydrique........... 10 —
Huile empyreumatique......... 60 —

Dissolvez et bouchez la bouteille. Appliquez ensuite légèrement de ce liquide dans la fourchette du cheval ou du pied malade.

Traitement, chez les Vaches, des Rhumatismes des articulations et de la Synovie des articulations.

Cette maladie apparaît après la pàturition.

Saignée 4 à 5 litres, frictions avec du Vinaigre scillitique deux fois par jour et faire prendre 15 grammes de Salicylate de Soude en deux fois, le matin et le soir. Ensuite, remplacer ce médicament par le Bicarbonate de Soude à la dose de 20 grammes par jour. Le traitement par le Salicylate de Soude dure trois jours seulement.

Traitement par la Cocaïne, pour injections sous-cutanées, dans le Tétanos, surtout contre la résolution du trismus.

Formule : Chlorhydrate de Cocaïne 1 gr. 20 centigr. dans 8 grammes d'eau distillée ; l'injection sous-cutanée est 1/2 gramme d'Acétate de Morphine.

J'ai aussi employé le Curare, à Noisy-le-Sec, dans la

même maladie et la Pilocarpine et la Cocaïne, et après avoir abandonné ces trois substances, j'ai donné du Chlorure par la bouche à la dose de 20 grammes et 20 grammes en lavement, le malade a été guéri, mais il n'y avait pas de trismus.

Méru, le 5 juin 1892.

Signé : ROUSSEAU.

Agents désinfectants contre les Bactérides microbicides.

1. Biodure de Mercure.........	0 gr.	025
2. Iodure d'argent.............	0 —	03
3. Eau oxygénée..............	0 —	05
4. Bichlorure de Mercure......	0 —	07
5. Azotate d'argent...........	0 —	08
6. Acide chromique...........	0 —	015
7. Iode.....................	0 —	020
8. Chlore	0 —	025
9. Acide cyanhydrique........	0 —	040
10. Brome	0 —	060
11. Chloroforme.............	0 —	080
12. Sulfate de Cuivre..........	0 —	090
13. Acide salicylique..........	0 —	100
14. Acide benzoïque...........	1 —	10
15. Chromate de potassium.....	1 —	90
16. Acide picrique............	1 —	30
17. Gaz ammoniac............	1 —	40
18. Acide thymique...........	2 —	»
19. Cobatt de Nickel Chlorure de plomb.....................	2 —	10
20. Acides minéraux..........	2 gr. à 3 gr.	
21. Bi-nitre benzine, essence Mirbane....................	2 —	60
22. Essence d'amendes amères..	3 —	»
23. Acide phénique...........	3 —	20
24. Permanganate de potassium.	3 —	50
25. Aniline...................	4 —	»
26. Aluns divers..............	4 —	50
27. Tannin...................	4 —	80

28. Sulfidrate de Sodium........	5 gr.	»
29. Acide arsénieux............	6 —	»
30. Acide borique.............	7 —	50
31. Hydrate de chlore..........	9 —	50
32. Salicylate de soude........	10 —	»
33. Sulfate de protoxide de fer...	11 —	»
34. Alcool amylique...........	14 —	»
35. Ether sulfurique...........	21 —	»
36. Acide butylique...........	35 —	»
37. Alcool propylique..........	60 —	»
38. Borax). Borate de soude....	70 —	»
39. Alcool éthylique...........	75 —	»
40. Sulfo-Cyanure de potassium.	120 —	»
41. Iodure de potassium........	140 —	»
42. Glycérine officinale........	225 —	»
43. Urée naturelle............	260 —	»
44. Hyposulfite de soude........	275 —	»
45. Chlorate de soude..........	400 —	»

Pour cet article, je reproduis dans ce tableau, à côté de la désignation des corps chimiques mis en expérience, les poids en grammes ou fractions de grammes, de substances capables de rendre imputrescible un litre de bouillon de bœuf.

Sulfate de cuivre, 20 grammes, acide sulfurique à 60° et à 66°, 40 grammes, eau comminée, 1,000 grammes.

L'acide chrysophonique est rencontré dans la rhubarbe.

L'acide actique est obtenu par l'acide sulfurique avec la chaux.

L'acide salicylique dérive de la salicine de l'essence de Wintergreen ou de l'acide phénique, en chauffant le phénate de soude à 250°.

L'Apomorphine est obtenue par l'action prolongée de l'acide chlorhydrique sur la morphine.

Collyre (Codex).

Azotate d'argent cristallisé..	0 gr.	10 centigr.
Laudanum de Sydenham....	1 —	
Eau de roses.............	124 —	

Dissolvez (chien de luxe).

Collyre contre les Ophtalmies chroniques.

Sulfate de cuivre...............	1 gr.
Sulfate de zinc................	2 —
Camphre en poudre...........	1 —
Eau........................	1000 —

Collyre contre les inflammations des yeux (Strauss).

Sulfate de zinc................	15 gr.
Eau de fontaine................	500 —
Eau-de-vie camphrée...........	4 —

Mêlez. On se servira de ce collyre quatre fois par jour.

Solution astringente.

Sulfate de cuivre................	35 gr.
— de zinc.................	12 —
Camphre.....................	6 —
Safran en poudre...............	30 centigr.
Eau de pluie ou de rivière.......	15 lit.

Mêlez. Agitez à plusieurs reprises pendant 24 heures. Laissez reposer, décantez.

Collyre vanté comme une panacée contre la plupart des Ophtalmies. Il est utile contre les ophtalmies chroniques.

Collyre contre l'Ophtalmie (Codex).

Sulfate d'atropine..........	0 gr. 60 centigr.		
Sulfate de zinc pur cristallisé.	0 —	50	—
Eau de roses.............	125 —		

Dissolvez.

Traitement des Maladies des Yeux.

Collyre Ammoniacal

PRENEZ :

Sel ammoniac..................	2 gr.
Alun calciné..................	2 —
Sucre.......................	5 —

Pulvérisez les sels et mélangez le tout pour combattre l'Ophtalmie chronique et les taches de la cornée.

Autre Collyre astringent simple.

PRENEZ :

Sulfate de zinc................ 1 gr.
Eau de roses.................. 32 —

Dissolvez . contre l'ophtalmie.

Autre Collyre de Dupuytren.

PRENEZ :

Oxyde de zinc.................. 1 gr.
Calomel........................ 1 —
Sucre en poudre............... 1 —

Pulvérisez et mélangez.

Collyre narcotique.

PRENEZ :

Extrait de Belladone........ 0 gr. 25 centig.
Opium .... 0 — 25 —
Infusion de Jusquiame....... 125 —

Dissolvez ; Ophtalmie douloureuse.

Collyre Martinez pour l'Ophtalmie catarrhale,
Ulcères des Paupières.

PRENEZ :

Sulfate de zinc.............. 2 gr.
Sel ammoniac................ 1 —
Alcool camphré.............. 32 —
Eau distillée............... 150 —

Dissolvez les sels dans l'eau et ajoutez l'alcool camphré.
Laissez digérer la composition 24 heures.

Employer seul l'acide Tanique à la dose de 20 centigr.
que vous soufflez dans l'œil ou dans les yeux du malade.

Gourme ou Variole du Cheval

Le mot Gourme a été fréquemment employé dans la médecine humaine pour désigner cette affection purulente de la tête qui atteint un grand nombre d'enfants du premier âge.

Depuis longtemps, la Médecine vétérinaire s'est appropriée ce mot pour désigner une maladie fréquente chez les jeunes chevaux surtout, et qui consiste la pluplart du temps dans l'inflammation des muqueuses respiratoires, accompagnée d'écoulement purulent. La similitude des âges et le rapprochement des parties atteintes ont sans doute inspiré la pensée de donner le même nom à la maladie de l'enfant et à l'affection chevaline dont on vient de parler, maladies qui diffèrent d'ailleurs complètement. La plupart des auteurs, en effet, sont d'accord aujourd'hui pour reconnaître que ce nom de Gourme ne convient que bien imparfaitement à la maladie dont il s'agit, et quelques-uns d'entre eux, notamment M. Trasbot, le savant professeur de clinique vétérinaire à l'Ecole d'Alfort, proposent de le remplacer par celui de Variole, qui parait mieux en rapport avec les caractères et le mode de développement de cette maladie.

Quoi qu'il en soit, bien que très commune, la Gourme ou Variole du cheval a été jusqu'à ces derniers temps peu connue et diversement caractérisée par les auteurs qui ont traité ce sujet. Et pourtant la fréquence des cas de Gourme et la gravité des conséquences qu'elle entraîne obligent le vétérinaire à s'éclairer sur ce point difficile et à chercher la solution de ce problème. Aussi, appelé depuis plus de dix ans à donner mes soins à des chevaux gourmeux, je me suis appliqué à l'étude de cette maladie, des caractères qu'elle présente, des conséquences qu'elle peut avoir et des moyens d'y porter remède.

Le présent Mémoire n'est que le résultat de cette étude et de ces observations.

1° *Cause et principe de la Gourme.* — Les auteurs qui ont écrit sur cette matière attribuent en général la Gourme à des causes diverses qui ne paraissent toutefois influer que d'une manière accidentelle sur le développement de cette maladie. Les uns prétendent que l'âge de deux à six ans amène forcément, pour ainsi dire, chez le cheval, un besoin, presque une nécessité de dépuration qui serait la cause première de la Gourme. Cette opinion ne paraît pas suffisamment solide. Il est bien vrai que la maladie atteint la plupart du temps les chevaux de cet âge, mais cela ne prouve point du tout que l'âge lui-même soit la cause du mal. Et en effet, il est arrivé souvent que de jeunes chevaux ont été complètement préservés de la Gourme quand il se sont trouvés dans certaines conditions d'hygiène, de nourriture et de travail. Si les jeunes chevaux sont presque tous atteints, cela tient à ce que la plupart du temps ils se trouvent à cette époque de leur vie presque tous placés dans des conditions hygiéniques déplorables qui les exposent à contracter cette maladie ou plutôt les mettent dans l'impossibilité d'y échapper.

D'autres auteurs indiquent comme une cause occasionnelle de la Gourme l'éruption des dents de remplacement. Cette manière de penser doit être aujourd'hui complètement abandonnée. Outre, en effet, que la Gourme précède quelquefois de longtemps cette éruption et d'autres fois la suit dans un espace de temps assez éloigné pour qu'il n'y ait aucune corrélation entre les deux indispositions, il est aujourd'hui surabondamment démontré que la Gourme peut affecter non seulement les muqueuses respiratoires, mais encore d'autres parties du corps de l'animal. Il est bien vrai que si la Gourme coïncide avec l'éruption dentaire, l'inflammation produite par cette dernière a pour effet d'attirer dans le voisinage de la bouche l'inflammation pustuleuse qui trouve là un terrain tout préparé pour un facile développement. Mais toutes les fois que l'émission des dents se produit chez un cheval sain et dans des conditions hygiéniques favorables, il est bien rare qu'elle détermine l'inflammation gourmeuse. D'où il faut conclure que l'éruption des dents de remplacement agit non pas comme une cause première de la Gourme, mais comme un agent qui attire sur un point déterminé une maladie déjà existante qui aurait pu se fixer ailleurs.

D'autres, enfin, attribuent pour cause efficiente de cette maladie, les changements de pays et de régime imposés aux jeunes chevaux par la vente qui a lieu de préférence à cette époque de leur vie. Il est impossible de nier que les changements de climat, de nourriture et du genre de vie n'exercent dans bien des cas une influence considérable sur la santé du cheval ; mais de là à conclure que ce changement est la cause déterminante de la Gourme, il y a loin. N'a-t-on pas vu, en effet, fort souvent, de jeunes chevaux qui n'ont point été soumis à ces diverses modifications, atteints cependant plus ou moins gravement de cette maladie. Il est fort probable que ces changements n'ont d'autre influence sur la Gourme que de mettre en rapports des chevaux sains avec des chevaux gourmeux, rapports qui ont pour effet de communiquer la maladie à l'animal qui en était exempt.

Quelle est donc la cause efficiente, le principe véritable d'une maladie si commune, et quel est la plupart du temps son mode de transmission ?

La Gourme ou Variole du cheval me semble être le résultat du développement dans le sang de l'animent d'un ferment, d'un microzoaire, développement qui a lieu aux dépens de la santé et quelquefois même de la vie de l'animal. Ce ferment, ce microzoaire est introduit dans l'organisme par les rapports d'un cheval infecté avec un cheval indemne, il s'y développe, s'y multiplie pour ainsi dire à l'infini, et décompose ainsi en tout ou en partie le sang, cet agent indispensable à la vie de l'homme et des animaux.

Les savants travaux et les admirables découvertes de M. Pasteur sur les maladies charbonneuses, leur mode de propagation et les moyens de s'y soustraire ont ouvert des horizons nouveaux à la médecine humaine et à l'art vétérinaire. Il deviendra chaque jour de plus en plus évident qu'une foule de maladies, dont les causes sont restées jusqu'ici inconnues, sont dues à l'introduction dans l'organisme de ferments du même genre qui y prennent leur développement, y opèrent leur multiplication au détriment des liquides et des tissus nécessaires ou utiles à la vie.

Telle doit être la Gourme ou Variole du cheval, dont le

principe est resté si longtemps inconnu. Aucune autre explication ne s'accorde mieux avec les caractères de cette maladie, aucune autre ne fait mieux comprendre et la multiplicité des cas et la facilité avec laquelle sont atteints les jeunes chevaux.

Comment, en effet, ne pas voir que les chevaux de deux à six ans, conduits de foire en foire pour y être vendus, sont mis sans cesse en communication directe avec d'autres chevaux malsains, sont logés dans des écuries d'où sont sortis le matin même des animaux malades qui y ont laissé les mangeoires et les râteliers, quelquefois même leur nourriture imprégnée de bave malsaine et corrompue et de salive contenant le ferment microscopique que la circulation du sang transporte et introduit dans toutes les parties du corps.

Il n'est point en mon pouvoir de décrire et de préciser la nature, les caractères et le mode de développement de ce ferment, de ce microzoaire spécial de la Variole du cheval. Je veux seulement signaler les principales circonstances dans lesquelles s'opère plus facilement la contagion de la Gourme.

La Variole ou Gourme du cheval se transmet habituellement d'un cheval malade à un cheval sain par des rapports directs et immédiats. Les deux conditions les plus favorables à cette propagation sont la cohabitation et le coït. On comprend facilement, en effet, qu'un cheval malade et un cheval sain partageant la même écurie, mangeant au même râtelier, se communiquent les germes de la maladie, soit par des attouchements directs des naseaux, comme cela se passe fort souvent, soit par l'écoulement purulent : les mangeoires, les râteliers et la nourriture elle-même s'imprègnent du virus ou mucopus et servent, pour ainsi parler, de véhicule à la maladie.

Il arrive encore que le coït d'un étalon sain avec une jument malade et *vice-versâ* transmettre la Variole de l'animal malade à l'animal sain. Et cela est facile à comprendre. Plus les rapports sont complets, plus la contagion est à craindre. Or, de toutes les relations que peuvent avoir entre eux deux animaux, le coït est la plus intime, celle qui met le plus complètement les deux organismes en communication et par conséquent rend plus facile la contagion du mal.

Mais en dehors des rapports directs, immédiats, comme la cohabitation et le coït, la contagion peut s'établir sous forme de virus volatil ou de poussière très ténue et s'introduire ainsi dans les tissus de l'animal et y déterminer l'éruption varioleuse.

On a, en effet, constaté que du corps des animaux malades peut se dégager une espèce de fluide contagieux, une sorte de poussière morbifère qui, répandue dans l'air peut être aspirée par la respiration, se fixer dans les voies respiratoires et y déterminer l'inflammation habituelle de la Gourme. L'air empesté qui circule ainsi dans une écurie peut laisser sur les pailles, les fourrages, les mangeoires, les murs, des germes de maladies qui y demeurent inactifs jusqu'au jour où ils trouvent dans un cheval sain des conditions favorables à leur développement. D'où il suit que le contact immédiat et direct n'est pas nécessaire à la transmission de la Gourme et qu'il suffit bien des fois d'introduire un cheval sain dans un lieu où ont séjourné des chevaux malades pour que le premier y contracte les germes de la Variole.

Il est maintenant bien facile de comprendre pourquoi les chevaux de deux à cinq ans et ceux qui sont soumis à un changement de genre de vie, sont plus exposés que les autres à contracter la Gourme. Par combien de mains, en effet, passent ces animaux avant d'arriver au propriétaire qui les utilisera pendant la plus grande partie de leur vie? En combien d'écuries n'ont-ils pas eu à séjourner, conduits de foire en foire par des marchands peu soucieux d'assurer leur santé future pourvu qu'ils trouvent à s'en défaire avantageusement dans le présent. Assurément les déplorables conditions hygiéniques imposées alors aux jeunes chevaux suffisent amplement à expliquer pourquoi presque tous de deux à six ans sont atteints de la Gourme. Et le peu de précautions que l'on prend pour assainir et purifier les écuries d'auberges permet, hélas! trop facilement à la contagion de se répandre pour qu'on doive s'étonner de la multiplicité ou plutôt de l'espèce de généralité de la Gourme du cheval.

C'est donc à la contagion qu'il faut faire remonter la cause de la Gourme, c'est à l'introduction d'un virus, d'un mucopus.

d'un ferment, d'un microzoaire dans les voies respiratoires et les muqueuses qu'est due cette grave affection qui est pour la race chevaline une ennemie si dangereuse et si funeste.

2° Mais cette contagion, si commune parmi les jeunes chevaux, peut-elle s'étendre aux chevaux plus âgés, peut-elle atteindre plusieurs fois le même animal, est-elle tellement spéciale à la race chevaline qu'il n'y ait pas de cas de Gourme chez des animaux d'espèce différente? Voici la réponse à ces différentes questions.

Les cas de Gourme parmi les chevaux adultes sont en général assez rares, bien qu'on en trouve cependant des exemples. M. Trasbot, dans son étude de la Gourme, parle d'un cheval de dix ans qui, placé auprès d'un gourmeux de quatre ans, fut pris d'une abondante éruption réunissant tous les caractères de la Variole équine. Moi-même, en 1877, ayant fait pâturer un vieux cheval à l'endroit même où quelque temps auparavant j'avais fait enfouir un jeune cheval de trois ans mort de la Gourme, j'ai constaté cinq jours après que mon vieux cheval était atteint d'une Gourme pulmonaire bien caractérisée qui fut la cause de sa mort.

Il est donc hors de doute que la Gourme atteint quelquefois même au-delà de la sixième année les chevaux qui en ont jusque-là été préservés. Bien plus, les chevaux atteints une première fois et guéris de la Gourme ne sont pas complètement à l'abri d'une nouvelle éruption. Il n'est pas rare en particulier de voir de jeunes chevaux qui ont eu de bonne heure une sorte d'inflammation varioleuse incomplète être repris plus tard d'une nouvelle éruption gourmeuse avec jetage abondant présentant les caractères les plus indiscutables de la maladie dont nous parlons. On pourrait citer aussi de nombreux exemples de chevaux qui, après avoir été guéris d'une première Gourme complète, ont été repris plus tard d'une nouvelle éruption, soit que la guérison ait laissé subsister quelques germes du mal, soit que les diverses atteintes ne doivent être regardées que comme des phases diverses et des périodes distinctes d'un même mal se prolongeant avec des alternatives de guérisons et de rechutes.

Enfin, il peut encore arriver que des chevaux parfaitement guéris de la Gourme soient après plusieurs années de santé parfaite repris, soit d'ensemble, soit par contagion d'une éruption varioleuse en général légère et bénigne.

Depuis dix ans, j'ai soigné pour la Gourme plus de cinq cents chevaux, et j'ai constaté qu'au moins dix pour cent ont eu des rechutes de ce mal. Il me paraît donc tout à fait certain que la Variole du cheval est sujette à récidive : je ferai toutefois remarquer que la seconde atteinte après une première bien caractérisée et parfaitement guérie est la plupart du temps de peu d'importance et tout à fait bénigne.

La Gourme est une maladie spéciale à la race chevaline et qui ne peut être contractée naturellement que par des animaux de cette espèce. Toutefois des expériences réitérées ont démontré que le virus de la Gourme inoculé artificiellement à l'homme et au bœuf, déterminerait chez l'un et l'autre l'inflammation pustuleuse restreinte au point inoculé. Le porc et le chien peuvent aussi être soumis avec succès à l'inoculation varioleuse, mais chez toutes ces espèces étrangères à la race chevaline, l'opération ne peut en général réussir qu'une seule fois sur le même individu.

DIFFÉRENTES ESPÈCES DE GOURME

Considérée par rapport à la gravité des symptômes qu'elle présente, la Gourme peut se diviser en bénigne, maligne et fausse. La Gourme bénigne est généralement sans danger et n'offre aucune difficulté dans la pratique. Le nom de fausse Gourme ou Gourme incomplète est donné à certaines affections pustuleuses, à certaines tumeurs purulentes qui, la plupart du temps, sont dues à d'autres causes et n'ont rien de commun avec la Gourme véritable. La Gourme maligne est celle qui se présente avec tous les caractères de gravité que comporte la maladie et qui donne lieu fort souvent à des complications variées suivant la diversité des parties du corps où l'inflammation s'est fixée. Elle prend alors des noms particuliers indiquant l'organe malade. On l'appelle *Rhinite*

quand les naseaux sont le siège du mal, *Bronchite gourmeuse* quand les bronches sont malades, *Gourme pulmonaire* quand l'éruption s'est établie dans les poumons,
*Gourme erratique, Angine gourmeuse, Cornage,
Sifleure, Coryza,* etc., etc.

Par rapport au mode de propagation, on a donné le nom
de Gourme coïtale à la contagion qui s'établit par les rapports
du coït.

SYMPTÔMES DE LA GOURME

La Gourme bénigne est caractérisée par la sensibilité de
la gorge à la pression des doigts, provoquant une toux quinteuse plus ou moins grasse. Si les muqueuses nasales sont
enflammées et la conjonctive infiltrée, s'il y a adénite simple
ou multiple, c'est la rhinite gourmeuse, le coryza et la rhi-
narrhée. Le plus souvent cette Gourme est compliquée sans
qu'on s'en doute et devient grave. L'inflammation du pha-
rynx avec difficulté ou même impossibilité de la déglutition
des aliments et du breuvage et régurgitation par les naseaux
révèle la pharyngite gourmeuse. Si le larynx est le siège du
mal, s'il y a cornage aigu et dypsnée suffocante, c'est la
laryngite gourmeuse.

Fort souvent ces symptômes ordinaires sont accompagnés
de facioles tumescentes du nez, des joues, des lèvres, du
chanfrein, avec phlegmons sous-parotidiens, collections
purulentes dans les poches gutturales et éruptions vésicu-
laires sur les lèvres, le nez et les muqueuses respiratoires.

La Gourme grave est toujours accompagnée d'angine
laryngée et pharyngée, esquinancie, etc.

TRAITEMENTS

D'après tout ce qui précède, le vétérinaire doit se pro-
poser un triple but : (*a*) préserver les jeunes chevaux des
atteintes du mal : (*b*) guérir ceux qui en sont atteints :
(*c*) empêcher les rechutes. De là, trois sortes de traitements
à employer suivant les circonstances.

(a) Traitement préventif.

1° Le plus puissant moyen de prévenir la Variole, c'est l'inoculation du virus par une sorte de vaccine qui, en déterminant une éruption artificielle prématurée, a pour but de détruire en quelque sorte dans l'animal l'aptitude à la contagion. Ce moyen, préconisé déjà par les princes de la science vétérinaire et par les plus savants auteurs qui s'occupent de chimie animale, n'est pas encore entré dans les mœurs, et il faut convenir que, dans les campagnes, les propriétaires ne consentent à appeler le vétérinaire qu'au moment où l'animal, déjà atteint, ne peut être soumis à l'inoculation du virus. Il faudra longtemps encore avant que ce moyen puisse être employé communément pour préserver les jeunes chevaux de la Gourme.

2° Puisque les rapports directs sont une source de contagion, il faut s'efforcer de tenir les chevaux sains éloignés des chevaux malades, et, puisque même les écuries peuvent être infectées, il serait bon, après le passage d'animaux malades, d'assainir ces locaux, soit au moyen d'une aération énergique, soit par le blanchissage des murs et le lavage à grande eau des mangeoires et des râteliers. Il faut encore convenir que ces moyens gênants d'éviter le mal ne sont pas à la veille d'être mis en pratique, au moins en ce qui concerne les écuries d'auberges et la plupart des étables de fermes, qui continueront pendant de longues années encore à servir de foyers d'infection gourmeuse, et répandront de plus en plus un mal que le vétérinaire devra alors attaquer par le traitement curatif.

(b) Traitement curatif.

J'ai toujours employé pour le traitement de la Gourme, et je n'ai eu qu'à m'en féliciter, les vermifuges, les dépuratifs et les antiputrides. Ainsi, j'ai souvent recours à l'aloès des Barbades, aux essences de térébenthine de Venise en pâtes ou liquides. L'acide phénique, l'assa-fœtida, l'acide arsénieux sont aussi d'un emploi avantageux dans les inflammations gourmeuses. Voici, d'ailleurs, quelques-unes des préparations que je donne depuis plus de dix ans aux chevaux malades de la Gourme, et qui n'ont jamais produit que de bons effets :

1re POTION :

Infusion de feuilles de noyer dans l'eau	1 verre.
Miel	200 gr.
Réglisse en poudre	200 —
Acide arsénieux	1 —
Assa-Fœtida en poudre	20 —

J'administre le tout sous forme de pâte, en trois fois dans la journée, à l'animal. Le miel et la réglisse n'ont, dans ce cas, presque aucune propriété médicale et servent à faciliter l'absorption du médicament.

2me POTION :

Térébenthine de Venise	15 gr.
Acide phénique cristallisé dissous dans 250 gr. d'alcool (10 gr. d')	1 cuillerée à café.
Miel	250 gr.
Réglisse en poudre	250 —
Infusion de feuilles	1 verre.

Même emploi que la formule précédente.

3me POTION :

Contre le Cornage.

Camphre	30 gr.
Miel	250 —

De ce mélange, une cuillerée à bouche toutes les heures, dans la journée, jusqu'à cessation du Cornage. Cette potion produit toujours un excellent résultat.

LINIMENT AMMONIACAL
pour remplacer le vésicatoire et éviter la gangrène,
boiteries et douleurs.

Ammoniaque	100 gr.
Huile d'Olive	100 —
Camphre	10 —
Teinture de Cantharides	10 —
Benzine......................	25 —
Térébenthine	25 —

Mode d'emploi. — Mélanger le tout, agiter la bouteille et appliquer le liniment sous la ganache ou entre les os maxillaires au moyen d'une friction vigoureuse. Ce liniment s'emploie aussi dans le cas de Gourme pulmonaire.

LAVEMENTS VERMIFUGES

1° Huile de Cade	10 à 30 gr.
Aloès de Barbade	30 à 40 —
2° Infusion de Centaurée ou de	
Fougère mâle	150 gr.
Infusion de feuilles de Noyer.	150 —
Une ou deux têtes d'Ail.	

Ce lavement a pour but d'entretenir libre le ventre du malade, chose fort importante pour éviter la complication d'un embarras gastrique.

S'il y a gêne de la respiration, je pose un séton au poitrail ou de chaque côté des os maxillaires ou des joues.

Ce traitement m'a toujours semblé excellent et m'a produit des résultats parfaits depuis que j'en fais usage.

On doit toujours supprimer la saignée qui arrête momentanément la marche de la maladie. Celle-ci ne tarde pas à reparaître, et alors elle se montre sous une forme bien plus grave et le plus souvent mortelle.

Il faut aussi rejeter tous les alcalins. Dans la Gourme, s'ils ne sont pas nuisibles, ils sont la plupart du temps inutiles. Les crèmes et le tartre stibié ou émétique ne guérissent pas la Gourme. Je pourrais aussi affirmer que la cantharide dans ces maladies peut être plus nuisible qu'utile et que, dans certains cas, elle occasionne la gangrène du poumon et cause une inflammation de la trachée et des plèvres pulmonaires, inflammation qui s'étend bientôt à tout le système des voies respiratoires et des parties adjacentes.

Un judicieux emploi des médicaments précités, une grande attention à surveiller les complications qui pourraient naître et à les combattre par les moyens qui leur sont propres suffira presque toujours pour venir à bout de la Gourme la plus maligne et pour rendre à la santé les pauvres animaux qui en ont été atteints.

(c) Traitement consécutif.

Guéri de la Gourme, le cheval a encore besoin, pendant quelque temps, de soins vigilants et intelligents. Les parties atteintes sont encore fort sensibles et il faut éviter soigneusement tout ce qui pourrait amener une recrudescence de la maladie. Par conséquent, point de travaux trop pénibles, point de courses précipitées, point de ces refroidissements si dangereux. On doit fuir avec soin, pour les chevaux, les écuries malsaines où passsent tour à tour quantités de chevaux étrangers, bien souvent infectés de la Gourme ; et, maintenus dans les conditions d'hygiène nécessaires, les chevaux n'auront plus rien à redouter de cette cruelle maladie si pernicieuse pour la race chevaline.

CONCLUSION

La Gourme est donc, à mon sens, une maladie contagieuse qui a pour principe un ferment microscopique. Elle atteint surtout les jeunes chevaux de deux à six ans, bien que les autres n'en soient pas exempts. Elle est rarement sujette à récidive, au moins dans sa forme grave. Le plus puissant moyen de la prévenir serait assurément l'inoculation faite en temps opportun. Les agents les plus précieux pour la combattre sont les vermifuges et les anti-putride et les dépuratifs et enfin les mesures capables d'en empêcher le retour sont les précautions hygiéniques et le soin vigilant de cet animal intéressant et utile qu'on nomme le cheval.

Approuvé :

CHENU,	CARTIER,	BOUCARD,
Vétérinaire à Loches.	Vétérinaire à Montholen.	Vétérinaire à Loches.

Gale du Cheval.

Prendre : Pétrole................... 50 gr.
          Benzine................... 50 —
          Huile d'Arachide.......... 50 —

Mélanger le tout ensemble et appliquer légèrement de cette composition sur toutes les parties malades. A chaque pansement, laver le malade à l'eau chaude, le rincer à l'eau froide et l'essuyer au sec. Ensuite appliquer une seconde couche du liquide.

Avec ce traitement, les malades seront guéris en trois jours, à une seule friction par jour.

Les harnais doivent être plongés dans l'eau bouillante. en y ajoutant par litre 8 grammes d'acide phénique, soit 320 grammes par 40 litres.

Laver les mangeoires, râteliers et autres objets avec la même solution, ou bien avec la suivante 1 kilogr. de sulfate de cuivre pour 50 litres d'eau.

L'écurie doit être également lavée avec l'une ou l'autre de ces solutions.

Fièvre typhoïde du Cheval.

Cette maladie, qui a pour siège les intestins ou une partie des intestins, est essentiellement contagieuse.

Donner 100 grammes d'acide borique, en deux fois, dans la journée. Eau boriquée et appliquée sur la tête du malade (le moyen le plus simple est une éponge imbibée de cette solution qu'on doit toujours tenir humide). Quelques lavements d'eau froide boriquée dans la journée.

Je me suis toujours trouvé satisfait de la Vératrine à la dose de 10 centigrammes par jour, donnée en deux fois. Cet alcaloïde est extrait d'une plante appelée Cevadille et aussi de l'Ellébore blanc ou noir, qui appartient à la famille des Renonculacées. La Vératrine a pour effet, à la dose indiquée plus haut, de purger ; à plus petite dose, elle jouit des propriétés analgésiques. Elle est aussi donnée contre le Rhumatisme articulaire aigu, ainsi que pour la pneumonie dans l'espèce humaine, à la dose de 2 à 3 milligrammes.

Je donne la Vératrine à la dose de 5 centigrammes pour le cheval dans le but de calmer la souffrance du malade, comme anesthésie ; pour le chien, la dose est de 1 à 2 et 3 milligrammes, en potions, dans la journée.

Je donne la racine en poudre d'Ellébore à la dose de 12 grammes dans un litre de café, que je fais prendre en trois fois dans les vingt-quatre heures.

L'Antipyrine me paraît nulle dans presque toutes les maladies nerveuses.

Chez le cheval, au début de la Fièvre typhoïde, une saignée de 3 à 4 et même 5 litres produit des effets merveilleux et immédiats, avec un sinaspisme de farine de moutarde de 1 kil. 500 gr. délayée dans une quantité suffisante d'eau chaude. Ce sinapisme sera appliqué sous le ventre (1).

Dans la convalescence du malade, je donne de l'acétate d'ammoniaque à la dose de 100 grammes par litre de bon vin rouge et 2 litres de bon café ; la dose de café pour un cheval est de 50 grammes par litre. Donner deux litres de café par jour dans le début de la maladie, et continuer ce traitement pendant huit jours.

Par ce traitement, la guérison ne se fait pas attendre plus de vingt-cinq à vingt-huit jours.

Diarrhée du Cheval.

Prendre : Acide tannique............ 30 gr.
Poudre de Gentiane........ 90 —
Farine de seigle (quantité
suffisante), environ...... 200 —

Mélanger le tout ensemble et diviser en quatre parties égales. Introduire chaque partie dans une bouteille que vous

(1) Pour les grands animaux, bien noter que la dose de farine de moutarde est de 1 kilog. 500 grammes, que l'on délaye dans une quantité suffisante d'eau tiède. Ne jamais y ajouter d'essence de térébenthine, car cette essence annihile les propriétés des substances actives de la farine de moutarde (Sinapisme).

remplirez avec de l'eau de fontaine. Agiter la bouteille et la donner en une seule fois au malade. Donner une potion semblable toutes les quatres heures.

Ce médicament est infaillible contre la Diarrhée des chevaux. Le malade est guéri dans les vingt-quatre heures.

Aussitôt la première bouteille bue, on peut appliquer un sinapisme de 1 kilog. 500 grammes de farine de moutarde, que l'on pose sous le ventre du cheval. On laisse ce sinapisme en place pendant trois heures.

Catarrhe auriculaire du Chien.

Jusqu'ici cette maladie était considérée comme incurable.

Prendre 25 grammes de sulfate de soude, que vous faites dissoudre dans environ un verre d'eau. Lavez bien l'oreille ou les oreilles avant chaque opération, et ensuite versez-y 2 gouttes le matin et 2 gouttes le soir (ou 4 gouttes si besoin est) de la solution suivante :

> Eau.......................... 8 gr.
> Alcool à 90 degrés.............. 2 —
> Acide borique................ 0,25 centigr.

Mélanger le tout ensemble.

Tænia du Chien ou Ver solitaire.

Donner à l'animal une capsule contenant la composition suivante :

> Chloroforme .... 4 gr.
> Huile de Croton tiglium .... 0,05 centigr.

ou une goutte de cette huile mélangée avec les 4 grammes de chloroforme.

Mélanger avec 20 grammes de glycérine.

Purger ensuite (ou trois heures après) le chien avec 60 grammes d'huile de noix.

Continuez les purgations avec le chlorure de sodium ou

sel de cuisine ; ce purgatif se donne six heures après avoir donné la capsule.

Ce traitement est infaillible et tue le Tænia en deux heures.

Ce Cestoïde ou Tænioïde est essentiellement contagieux pour l'homme et les enfants, surtout ceux qui se laissent lécher sur les lèvres par les chiens.

Le Tænia se rencontre chez les mammifères et les carnivores, tels que le chien, le chat, l'homme ; les rongeurs, le lapin sauvage et le lapin privé ou domestique ; chez les pachydermes, porc ; chez les gallinacées et colombins, coq, pintade, dindons, corbeau ; chez les palmipèdes, oie, canard : le cheval et le bœuf ne sont pas exempts de ce parasite.

Les animaux qui sont les plus aptes à contracter le Tænia ou le Ver solitaire sont le chien, le renard, le loup, le singe, l'homme, le lapin, la perche et la baleine. Chez les oiseaux, ce sont les carnassiers, tels que le corbeau, les poules, les canards, etc. ; quand ces oiseaux répandent leur fiente sur la surface de la terre, les animaux ramassent dans cette fiente les anneaux de ces Tænias ou vers solitaires, et voilà comment ce Cestoïde se métamorphose chez tous les animaux et chez l'homme. Les lapins des bois attrapent le Tænia en pâturant de la bruyère ou d'autres plantes où les animaux atteints ont séjourné et ont laissé sur les herbes de leur fiente imprégnée des anneaux du Tænia. Quand des volées d'oiseaux passent sur un fleuve et y laissent tomber leur fiente, les poissons en avalent le contenu, et le jeune Tænia, ou l'œuf, ou les œufs par milliers que contient un anneau du Tænia se collent et forment le Tænia du poisson.

Ces parasites sont très contagieux et très dangereux pour nos enfants et pour nous-mêmes. M. le Ministre de l'Agriculture devrait exiger que les propriétaires de chiens atteints du Tænia, fassent traiter ou abattre leurs animaux.

Roux-Vieux ou Gale du Chien.

Prendre 25 grammes de panne de porc (en pharmacie cette panne est nommée axonge), la faire fondre ; enlever les hypocondres ou petits lardrons et y ajouter : poudre de cantharide. 30 grammes : fleur de soufre, soufre sublimé, 30 grammes. Retirer le tout du feu et remuer jusqu'à refroidissement. Appliquer légèrement cette pommade sur les parties malades du chien ; en trois ou quatre frictions l'animal sera guéri : c'est-à-dire qu'en faisant une friction chaque jour, ce traitement durera quatre jours.

Mammite ou Inflammation des Mammelles par suite de l'accouchement chez les vaches, brebis, etc.

Onguent pour combattre cette maladie.

Prendre : Potasse ou azotate de potasse	120 gr.	
Eau	40 —	
Huile d'olive	100 —	
Ajouter : Eau	100 —	

Mélanger le tout ensemble dans un litre et appliquer en deux fois le contenu de la bouteille. Le lendemain, tripler cette composition pour un litre, dont on fait trois frictions par jour.

Autre onguent pour la même maladie.

Prendre : Panne de porc	200 gr.	
Cire jaune	60 —	
Blanc de céruse	50 —	
Alun	50 —	

Faire fondre la panne, enlever les hypocondres ou lardrons et ajouter la cire : une fois le tout fondu, mettre le blanc de céruse et l'alun, et ôter la casserole du feu. Verser ensuite 10 grammes d'essence de térébenthine et remuer jusqu'à complet refroidissement.

Appliquer la pommade obtenue légèrement sur le pourtour des mamelles, le matin et le soir.

Saigner au début de la maladie, où la mammite est autant dire inévitable.

La maladie des mamelles se rencontre après l'accouchement chez les animaux annoncés plus haut.

Voici une autre composition pour la même maladie qui m'a toujours réussi :

> Ammoniaque. . . . .   30 gr.
> Huile camphrée. . . . .   60 —
> (ou bien Huile d'olive 120 gr. et
> Camphre en poudre 10 gr.)

Mélanger le tout et appliquer une bonne friction sur le pis ; il faut, avant d'appliquer ce liquide, entourer les mamelles avec des petits chiffons.

Ce traitement est infaillible pour les vaches et les brebis.

Paralysie des Vaches après l'acccouchement ou Vélage.

Cette maladie, très grave, est appelée fièvre vitulaire, fièvre de lait, fièvre puerpérale ; enfin, sous un nom ou l'autre je la considère comme une paralysie.

Traitement général.

Saigner dès les premiers débuts de la maladie ; la saignée est, selon la force des animaux, de 4 à 5 litres pour les moyens, et de 6 à 8 litres pour les gros. Purger l'animal malade, de suite après la saignée : voici le purgatif que j'ai choisi :

> Sulfate de magnésie. . . . .   15 gr.
> Aloès en poudre . . . .   30 —
> Assa-Fœtida . . . .   20 —

Mélanger le tout et donner au malade en deux fois dans un litre d'eau tiède, de quart d'heure en quart d'heure, après avoir bien agité la bouteille.

Donner ensuite avec une seringue des douches d'eau froide sur la nuque, et appliquer sur la région dorsale des linges mouillés, soit drap ou sacs trempés dans l'eau froide. et tenir jour et nuit ces linges bien humides, ainsi qu'une forte éponge très humide sur la nuque. De la glace serait même préférable.

Ce moyen est infaillible ; le malade se relève au plus tard dans les quarante-huit heures.

Cette maladie a pour base le système musculaire et nerveux, qui est en état de paralysie, ainsi que la dure-mère ou méninge externe, forte membrane fibreuse en rapport avec les parois du crâne et du canal rachidien et l'arachnoïde ; la méninge moyenne représente une tunique d'une nature séreuse, décomposée en deux feuillets, l'un externe, appliqué sur la face interne de la dure-mère ; l'autre externe, étalé, par l'intermédiaire de la pie-mère, sur l'axe cérébro-spinal. La pie-mère ou méninge, c'est l'enveloppe propre de la tige nerveuse centrale ; le bulbe rachidien et la moëlle épinière sont aussi malades. A la mort ces membranes sont congestionnées ainsi que l'encéphale, les lobes du cervelet, et tous les filets nerveux et des nerfs. Le vagin et l'utérus ont aussi pour siège le mal ; ces organes sont très congestionnés ainsi que le péritoine ; c'est pourquoi la péritonite existe presque toujours dans cette terrible maladie.

Hématurie ou Pissement de Sang.

Cette maladie est une affection calculeuse des reins et aussi de ses adaptes ; les animaux trop sanguinolants ou pléthoriques y sont sujets ; elle est occasionnée par le broutement des jeunes pousses de chêne, de hêtre et par les Renoncules bulbeuses, les Renoncules scélérates, les Renoncules ficaires, les Anémones des bois et la Nummulaire Lyssincachia, ou Herbe aux Ecus monnayés, Herbe à tuer les moutons. Cette plante appartient à la famille des Primulaires ; ses feuilles représentent des pièces de monnaie.

Elle est encore désignée sous différents noms : mal de Brown, mal de bois, mal de cerf.

Il ne faut pas confondre cette maladie avec le Sang de rate, qui a beaucoup d'analogie ou ressemblance : le sang s'échappant des organes des voies urinaires. Voici les symptômes les plus frappants de l'Hématurie : le sang échappé est très clair, tandis que dans le Sang de rate il est noir, âcre et poisseux, très épais et colorant aux doigts.

Traitement général.

Au début, petite saignée, 3 litres. Peroxyde de fer à la dose de 10 à 20 grammes, ajouté à 16 grammes de seigle ergoté. Mélanger le tout ensemble dans une certaine quantité de miel : verser sur ce mélange de l'eau chaude. Introduire dans un litre que l'on donnera à prendre dans la journée par petites potion d'un verre.

Frictions de vinaigre chaud sur les reins.

Donner en boisson aux malades des macérations de graines de lin, en ayant bien soin de jeter la première eau ou de bien écumer la couche huileuse qui contient un acide acétique libre et du sulfate de muriate de potasse, deux substances qui sont très dangereuses pour les animaux ; de plus, introduit dans l'estomac, elle n'offre qu'une nourriture visqueuse et indigeste. C'est pourquoi je recommande de rejeter la première eau qui a macéré les graines.

Par ce traitement, l'animal malade sera guéri dans l'espace de cinq à huit jours.

Obstruction des Feuillets chez tous les Ruminants.

Cette maladie n'est autre chose qu'une accumulation d'aliments dans les feuillets, occasionnée par les herbes riches en acide tannique, comme la bruyère, et d'autres plantes herbacées privées d'hydrogène et d'oxygène et très riches en azote. Ces plantes, qui croissent dans les bois, sont très froides par rapport à la richesse du tannin qu'elles contiennent et d'autres substances analogues, dont l'analyse n'a que faire ici.

Voici le traitement général et infaillible contre cette maladie :

Potion composée comme suit : Essence de térébenthine, 30 grammes par jour, mélangée avec 20 grammes d'aloès dissout dans presque un litre d'eau bouillante. Une fois l'aloès dissout, laisser refroidir l'eau et ajouter l'essence de térébenthine. Faire prendre cette potion en deux fois, dans la journée, au malade, matin et soir.

Voici les symptômes de cette maladie :

Les veines jugulaires et les veines carotides sont tendues ; le mufle est sec, c'est-à-dire que la rosée du mufle a disparu: les oreilles, à l'embase, ainsi que les cornes sont très froides ; les quatre membres sont aussi froids autour du boulet ; les yeux sont blancs et ces organes presque dépourvus de sang ; la peau est adhérente aux côtes ; les poils sont piqués ; les malades crotinés ; leurs crotins ressemblent à ceux du cheval.

Tenir les animaux chaudement : bien les couvrir avec des couvertures de laine.

Coliques intestinales sans surcharges alimentaires,

Telles que Coliques du duodenum et du cœcum, Coliques du colon flottant, du mésentère, Coliques occasionnée par des vers intestinaux, Coliques hépatiques ou du foie.

Donner pour toutes ces coliques 20 grammes de camphre en poudre mélangé avec du miel.

Voici une autre formule :

<pre>
Camphre .... 10 à 15 gr.
Assa-Fœtida .... 15 gr.
</pre>

Mélanger le tout avec la contenance d'une cuillerée à bouche de miel, comme pour en faire une pâte.

On fait prendre le tout d'une seule fois au cheval avec une petite spatule ou palette en bois.

Le camphre est calmant et diurétique, antiputride, vermifuge. C'est un stimulant du tube digestif : il est sédatif, ralentit la circulation du sang, et enfin il est antispasmodique, etc.

L'assa-fœtidia stimule les propriétés du camphre.

Ce médicament est infaillible.

Coliques ou Indigestions de l'estomac, avec surcharge alimentaire,

Telles que Ballonnement du ventre chez le bœuf.

Prendre : Ammoniaque ou Alcali volatil, 20 grammes ; dans cet ammoniaque ajouter 10 à 12 grammes d'aloès, qui se dissout instantanément dans l'ammoniaque liquide. Le tout est versé dans un litre d'eau froide, où l'on ajoute de la suie de bois (une cuillerée à bouche bien tamisée avec une petite passette). Donner en une seule fois dans les indigestions gazeuses, simples et avec ou sans surcharge alimentaire chez les ruminants.

Autre Traitement pour la même Maladie,
ainsi que pour les Coliques essentiellement nerveuses:

Valerianate d'atropine 2 à 3 centigrammes pour 9 gram. d'eau distillée.

Faites avec ceci une injection sous-cutanée, ou sous la peau, avec la seringue de Pravaz.

Fluxion de poitrine chez les divers animaux.

Saigner : 4 litres ou même 5 litres. Sinapismes de chaque côté des poumons. Digitale en poudre, 2 à 4 grammes pour les chevaux ; 4 à 5 grammes pour les ruminants, bœufs ou vaches, mélangés à 20 grammes d'azotate de potasse ; 15 à 30 grammes pour le cheval et le bœuf ; 4 à 8 grammes pour les moyens ou petits animaux. Pour les chiens et chats, la dose est de 1 à 2 grammes.

Ce traitement est infaillible pour toutes les fluxions de poitrine chez les animaux de toutes espèces.

La digitale en poudre se donne pour les chiens à la dose de 10 à 20 centigrammes ; pour les chats, de 4 à 8 centigr. ; pour les porcs, de 20 à 40 centigrammes.

Par ce traitement les animaux atteints de fluxion de poitrine sont guéris dans les vingt-quatre heures ; mais bien noter que la saignée est indispensable.

Diarrhée des Veaux.

```
Eau de fontaine...............  250 gr.
Bismuth ....................      4 —
Acide tannique ..............      4 —
Laudanum de Sydenham.......   12 gouttes.
```

Mélanger le tout ensemble dans une bouteille contenant 250 grammes, et verser dessus l'eau de fontaine. Agiter la bouteille avant de s'en servir.

Donner au petit veau trois cuillerées à bouche par jour : une le matin, une à midi et une le soir.

S'il n'y a pas d'eau de fontaine, on la remplace par de l'eau de riz.

On peut augmenter la dose pour le malade d'une cuillerée à bouche par jour et, si besoin est, lui appliquer sur le ventre un petit sinapisme de 250 grammes de farine de moutarde délayée dans de l'eau tiède.

Sang de Rate chez les Vaches.

Cette espèce d'affection charbonneuse qui règne dans la Beauce et les environs de Chartres, Châteaudun (Eure-et-Loir), à Beaugency, dans le Loiret, etc., est une maladie essentiellement contagieuse et presque toujours mortelle. Les vaches urinent le sang.

Par le moyen de ce simple médicament, l'on guérit 90 malades sur 100. Donner à la vache une litre de bonne eau-de-vie à 50 degrés. Faire prendre cette bouteille en deux ou trois fois, de quatre heures en quatre heures.

J'ai bien donné des fois aussi de l'eau-de-vie seule, c'est-à-dire dire sans être associé à l'acide phénique, et cela m'a aussi bien réussi. On donne l'eau-de-vie à la dose d'un litre, en une seule fois, de deux heures en deux heures.

J'assure que ce médicament est infaillible. J'ai donné ce médicament dans le but de tuer les micrococus ou bacilles du charbon, qui vivent dans le sang des animaux atteints du charbon ou sang de rate ; ces baciles ou spores micrococus sont tués par l'alcool à 50 degrés.

Il guérit dans les vingt-quatre heures, comme j'en ai fait moi-même l'expérience dans la Beauce.

CERTIFICATS

—

Je soussigné Longuet, maréchal des logis de Gendarmerie à Pithiviers, certifie que M. Rousseau, vétérinaire, demeurant à Nibelle (Loiret), a donné ses soins à mon cheval, atteint d'une crapaudine ulcéreuse aux deux membres antérieurs ; maladie qui avait été traitée infructueusement jusqu'alors par plusieurs vétérinaires, et que M. Rousseau a guérie au moyen de ses médicaments.

LONGUET,
Maréchal des Logis de Gendarmerie.

(Signature légalisée.)

Je soussigné Brault-Travanillon, propriétaire, demeurant à Betz, déclare que M. Rousseau, vétérinaire à Ligueil (Indre-et-Loire), m'a traité un cheval atteint de la gourme n'ayant pu travailler depuis au moins quinze jours : aussitôt que le cheval a pris de ses médicaments, j'ai connu du mieux à mon cheval, et, au bout de quelques jours, il a repris son travail.

BRAULT-TRAVANILLON.

(Signature légalisée.)

Je soussigné Ruyant (Henri), propriétaire à Saint-Leu-d'Esserent (Oise), certifie que M. Rousseau m'a traité un cheval pour angine; il m'a guéri mon cheval.

H. RUYANT.

(Signature légalisée.)

Je soussigné certifie que M. Rousseau, vétérinaire à Ligueil, a traité mon cheval atteint de coliques le 20 septembre 1880, et qu'il l'a parfaitement guéri.

Vou, le 12 mars 1880.

SAUVÉ.

(Signature légalisée.)

Je soussigné Varreau, boucher à Ligueil, que M. Rousseau, vétérinaire à Ligueil, a traité un de mes chevaux atteint de clou de rue, et que M. Rousseau m'a guéri mon cheval par ses soins assidus et ses médicaments, en foi de quoi je lui délivre le présent certificat pour lui servir en cas de besoin.

Ligueil, le 12 mars 1881.

H. BARREAU.

(Signature légalisée.)

Je soussigné Denis Croué que M. Rousseau, vétérinaire à Ligueil, a traité mon cheval une première fois pour des molettes, tumeurs sujoviables, une seconde fois pour des calculs de la vessie et les canaux excréteurs, et qu'il m'a guéri mon cheval par des soins assidus et par ses médicaments.

Vou, le 12 mars 1881.

CROUÉ.

(Signature légalisée.)

Ligueil, le 13 mars 1881.

Je soussigné Arnault (Achille) que M. Rousseau, vétérinaire à Ligueil, m'a traité un bœuf pour la première fois atteint de météorisme avec inflammation de l'abdomen, et qu'il m'a guéri mon bœuf par des soins assidus et par ses médicaments.

A. ARNAULT.

(Signature légalisée.)

Moi, Pineault, buraliste à Ferrière-Larçon, ayant mon cheval malade de la gourme et très dangereusement malade, je certifie qu'aussitôt que M. Rousseau, vétérinaire à Ligueil, l'a eu soigné et lui a eu fait prendre ses médicaments, mon cheval a été guéri, et, de faible qu'il était, est redevenu vif et vigoureux.

PINEAULT.

(Signature légalisée.)

J'ai soussigné Bergerault-Boin, boulanger à Ferrière-Larçon, que M. Rousseau, vétérinaire à Ligueil (Indre-et-Loire), a traité ma jument, par suite d'une chute très grave; elle s'est trouvée radicalement guérie par les soins de M. Rousseau.

BERGERAULT.

(Signature légalisée.)

Nous, maire de la commune de La Celle-Guenand, soussigné,

Certifions que, d'après le dire du sieur Roux (Jean), domicilié en cette commune, le sieur Rousseau, vétérinaire à Ligueil, lui a soigné un âne atteint du glanant-haron ou charbon; aujourd'hui, l'âne est complètement guéri.

Mairie de La Celle-Guenand, le 20 mars 1881.

Le Maire.

BRAULT.

Je soussigné Lebec (Henri-François), certifie que M. Rousseau, depuis son arrivée à Ligueil, m'a soigné trois animaux :

Le premier : un mulet, âgé, atteint d'une inflammation de la verge, et rétabli après environ quinze jours de traitement;

Le second : une jeune chienne de dix mois atteinte de la maladie (dite des chiens), parfaitement remise aujourd'hui ;

Et, en dernier lieu, une jument, baie brune, 3/4 de sang, ayant une hydropisie compliquée d'anémie et que les soins de M. Rousseau m'ont rétablie après trois semaines de traitement.

En foi de quoi j'ai cru pouvoir lui délivrer le présent certificat.

A Ligueil, le 20 mars 1881. LEBEC.

(Signature légalisée.)

Je certifie que M. Rousseau, vétérinaire à Ligueil, m'a fait un accouchement ou vêlage à une vache, qui était dans une mauvaise position, qui a parfaitement réussi ; il m'a soigné un cheval, auquel il a porté de grands soins, qui était atteint d'une maladie d'intérieur, qu'il m'a guéri radicalement.

Fait à La Chapelle-Blanche, le 27 mars 1881. SAGET.

(Signature légalisée.)

Je soussigné Pierre Baranger, propriétaire, demeurant à La Norraie, commune de Paulmy, déclare que M. Rousseau, praticien à Ligueil, a traité une de mes vaches atteinte d'apoplexie, et que par son opération il m'a guéri cet animal.

En foi de quoi j'ai délivré le présent certificat.

Ligueil, le 2 mars 1881. BARANGER.

(Signature légalisée.)

Le Maire de Paulmy certifie que le sieur Arnault (René), propriétaire à Nizereille, en cette commune lui a déclaré que M. Rousseau, vétérinaire à Ligueil lui a guéri :

Un cheval atteint de calcul des reins ;

Une vache atteinte d'une bronchite.

Mairie de Paulmy, 28 mai 1881.

Le Maire,
C. LOUVET.

MAIRIE DE TAUXIGNY

Le Maire de la commune de Tauxigny certifie que M. Rousseau (Alexandre), exerçant la médecine vétérinaire dans ma commune depuis un an, a traité un grand nombre d'animaux atteints de diverses maladies, chez moi et ailleurs, et je n'ai jamais eu connaissance qu'il ait péri des animaux sous son traitement.

En foi de quoi je lui ai délivré le présent certificat pour lui servir ce que de droit.

Tauxigny, le 4 septembre 1882.

Le Maire.

H. BOUTET.

Tauxigny, 6 septembre 1882.

Je soussigné Germain Boutet, domicilié à Tauxigny (Indre-et-Loire), certifie que M. Rousseau-Danne a soigné mon cheval en septembre 1881 ; j'ai été très satisfait du traitement qu'il lui a fait suivre, et que, par ses soins intelligents, il l'a guéri des affections suivantes :

1. Bronchite gourmeuse ;
2. Fourbure des quatre membres ;
3. Inflammation de l'intestin, entérite diarrhéique ou typhoïde.

Germain BOUTET.

(Signature légalisée.)

Boissy-Fresnoy, le 25 septembre 1885.

Je certifie que le sieur Rousseau, vétérinaire à Nanteuil-le-Haudouin, m'a vêlé une vache de deux veaux mort-nés et que ma vache était atteinte de métrite et que la vache est bien rétablie par ses soins.

SIMAR.

(Signature légalisée.)

Je certifie que le sieur Rousseau, vétérinaire à Nanteuil-le-Haudouin, a soigné mon cheval atteint de parapligie et que le cheval est guéri.

Boissy-Fresnoy, 25 septembre 1885.

R. Bahu.

(Signature légalisée.)

Boissy-Fresnoy, le 24 novembre 1885.

Je certifie que le sieur Rousseau, vétérinaire à Nanteuil-le-Haudouin, a traité mon cheval atteint de variole ou gourme et qu'il est parfaitement guéri.

Boutrelle.

(Signature légalisée.)

Boissy-Fresnoy, le 24 novembre 1885.

Je certifie que le sieur Rousseau, vétérinaire à Nanteuil-le-Haudouin, a traité mes chevaux, fin d'août, atteints de gourme contagieuse se tournant en bronchite dont il les a parfaitement guéris.

François (Arcade).

(Signature légalisée.)

Je soussigné Debout, cultivateur à Boissy-Fresnoy, que le sieur Rousseau, vétérinaire à Nanteuil-le-Haudouin (Oise), m'a traité un cheval, âgé de huit ans, atteint d'une blessure occasionnée par une piqûre de fourche américaine au sternum, et M. Rousseau m'a guéri mon cheval par ses soins assidus et avec opération au fer grange et par ses médicaments; c'est pourquoi je lui ai délivré, d'après sa demande, le présent certificat pour lui servir en cas de besoin.

Debout.

(Signature légalisée.)

Boissy-Fresnoy, le 24 novembre 1885.

Je certifie que le sieur Rousseau, vétérinaire à Nanteuil, m'a traité une vache atteinte d'obstruction des feuillets et qu'elle est parfaitement guérie : c'est pourquoi je lui délivre le présent certificat.

BOUCHER.

(Signature légalisée.)

Je soussigné certifie que M. Rousseau, vétérinaire à Nanteuil-le-Haudouin (Oise), m'a, pendant le cours d'une année, soigné plusieurs chevaux, bœufs et vaches malades, et me les a toujours traités avec succès et que je n'ai qu'à me louer de ses services.

Peroy-les-Gombries, ce 28 avril 1886.

E. CAILLIEUX.

(Signature légalisée.)

Nous, Maire de la commune de Peroy-les-Gombries, certifions que M. Rousseau, vétérinaire à Nanteuil-le-Haudouin (Oise), m'a très bien soigné mes animaux malades et que j'ai recours à ses bons soins.

Peroy-les-Gombries, le 8 mai 1886.

Le Maire,
DHUICQUE.

Je soussigné certifie que M. Rousseau, vétérinaire praticien à Neuilly-en-Thelle, m'a, à diverses reprises, soigné des bestiaux pour lesquels j'ai eu satisfation ; ce en quoi je lui délivre le présent comme garant.

Dieudonne, le 25 novembre 1889.

DUCHATEL.

(Signature légalisée.)

Je soussigné certifie que M. Rousseau, vétérinaire praticien à Neuilly-en-Thelle (Oise), a donné ses soins à mes bestiaux à diverses reprises, que j'en ai été très satisfait.

A Dieudonne, le 25 novembre 1889.

D. PRÉVOST.
Cultivateur et Maire.

Je soussigné certifie que M. Rousseau, vétérinaire praticien à Neuilly-en-Thelle (Oise), a donné ses soins à un cheval malade et que j'en ai été très satisfait.

A Crouy-en-Thelle, le 27 novembre 1889.

V. DUCHATEL.

(Signature légalisée.)

Je soussigné certifie que M. Rousseau, vétérinaire praticien à Neuilly-en-Thelle (Oise), a donné ses soins à un cheval malade et que j'en ai été très satisfait.

A Crouy-en-Thelle, le 27 novembre 1889.

MERCIER (Amédée).

(Signature légalisée.)

Je soussigné certifie que M. Rousseau, vétérinaire praticien à Neuilly-en-Thelle, m'a soigné chevaux et vaches en plusieurs fois et qu'il s'est bien acquitté de son devoir.

Crouy-en-Thelle, le 27 novembre 1889.

Pour M. VAQUEZ,
Eug. PETIT, *régisseur.*

(Signature légalisée.)

Je soussigné Tourly (Désiré), cultivateur à Saint-Leu-d'Esserent, certifie que M. Rousseau, praticien vétérinaire, m'a traité plusieurs maladies de chevaux dont j'ai été content, c'est pourquoi je lui délivre le présent certificat pour lui servir à qui de droit.

TOURLY (Désiré).

(Signature légalisée.)

Je soussigné Mahieux (Jules), cultivateur à Saint-Leu-d'Esse-
serent, certifie que M. Rousseau, praticien vétérinaire, m'a
traité une vache atteinte d'un corps étranger dans l'œsophage,
et, par suite de l'opération, ma bête a été guérie aussitôt. C'est
pourquoi je lui déclare le présent certificat pour lui servir à
qui de droit.

MAHIEUX (Jules).

(Signature légalisée.)

———————

Je soussigné Bruxelles (Désiré), propriétaire à Boissy-Saint-
Leu-d'Esserent (Oise), et certifie que M. Rousseau, praticien
vétérinaire, m'a vêlé une vache dont le veau était mort-né, et,
après ladite opération, ma vache s'est toujours bien portée, et
que j'ai été satisfait de M. Rousseau, praticien à Saint-Leu-
d'Esserent; c'est pourquoi je lui délivre le présent certificat,
sur sa demande, pour lui servir en bon et valable.

BRUXELLES (Désiré).

(Signature légalisée.)

———————

Je soussigné certifie que le sieur Rousseau, praticien vétérinaire à Saint-Leu-d'Esserent, m'a traité un cheval atteint
d'effort de boulet qu'il a guéri immédiatement; ce dont je
délivre ce certificat dont j'ai été très content de lui qui peut lui
servir à qui de droit.

L. LESPART.

(Signature légalisée.)

———————

Je soussigne Victor Landry, propriétaire à Saint-Leu-d'Esserent (Oise), et certifie que M. Rousseau, vétérinaire praticien
non diplômé à Saint-Leu, m'a traité trois chevaux atteints
d'angine, et que, par ses soins assidus et ses médicaments, il
m'a guéri mes chevaux;

En foi de quoi je lui délivre le présent certificat pour lui
servir en cas de besoin.

Saint-Leu-d'Esserent, le 5 décembre 1885.

V. LANDRY.

(Signature légalisée.)

Je certifie que M. Rousseau m'a traité une vache qui était atteinte d'une congestion pulmonaire et d'une hémorrhagie et m'a guéri ma vache qui avait fait une chute de 5 m. 20 de hauteur.

RICHER (Désiré),
Propriétaire à Saint-Leu-d'Esserent (Oise).

(Signature légalisée.)

Je soussigné Véret (Constant), cultivateur à Saint-Leu-d'Esserent, certifie que M. Rousseau, praticien vétérinaire, m'a traité une vache atteinte d'un corps étranger dans l'œsophage, et, par suite de l'opération, ma bête a été guérie aussitôt; c'est pourquoi je lui déclare le présent certificat pour lui servir à qui de droit.

VÉRET (Constant).

(Signature légalisée.)

Je certifie que M. Rousseau, praticien vétérinaire, m'a traité un cheval bien malade, blessé, et qu'il me l'a guéri.

A Saint-Leu, le 9 décembre 1889.

GERMAIN (Désiré).

Je certifie que M. Rousseau, vétérinaire praticien à Saint-Leu, m'a traité un cheval atteint d'une semme carte gangreneuse et l'a radicalement guéri.

Précy, ce 27 novembre 1889.

L. LEROY.

(Signature légalisée.)

Je soussigné Eugène Henneguy, cultivateur à Saint-Leu-d'Esserent, certifie que M. Rousseau, praticien vétérinaire, m'a traité un cheval atteint de congestion intestinale ou tranchées rouges et que mon cheval est guéri.

Eugène HENNEGUY.

(Signature légalisée.)

Beauvais. — E. LAMIABLE, imprimeur, 27, rue Saint-Pantaléon.